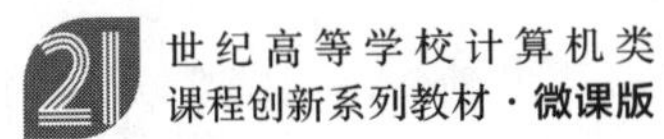

Python程序设计及机器学习案例分析

微课视频版

杨荣根 杨忠 / 编著

清華大学出版社
北京

内 容 简 介

Python 语言简单易学，且有强大的 AI(Artificial Intelligence，人工智能)支持库，是人工智能第一语言。本书围绕 Python 语言的这些特点，讲述 Python 语言基础语法、数据结构、程序结构、函数与模块、输入输出和面向对象程序设计等专题，同时结合每个专题精心编排了机器学习中的统计参数计算、随机变量分布、优化计算、矩阵分析、线性回归、线性分类和人脸识别等人工智能案例实践。通过这些内容的学习，读者可以一方面掌握 Python 语言的语法；另一方面又了解机器学习的基本原理，学会构建基本的机器学习系统。

本书教学资源丰富，配套有视频、源码、课件以及习题答案，可以作为高等院校程序设计课程的教材，也可以作为 Python 语言爱好者以及机器学习入门的自学参考书。

图书在版编目(CIP)数据

Python 程序设计及机器学习案例分析：微课视频版/杨荣根，杨忠编著.—北京：清华大学出版社，2021.7

21 世纪高等学校计算机类课程创新系列教材：微课版

ISBN 978-7-302-58314-1

Ⅰ. ①P… Ⅱ. ①杨… ②杨… Ⅲ. ①软件工具－程序设计－高等学校－教材 ②机器学习－高等学校－教材 Ⅳ. ①TP311.561

中国版本图书馆 CIP 数据核字(2021)第 107312 号

责任编辑：闫红梅
封面设计：刘　键
责任校对：徐俊伟
责任印制：宋　林

出版发行：清华大学出版社
网　　址：http://www.tup.com.cn，http://www.wqbook.com
地　　址：北京清华大学学研大厦 A 座　　**邮　　编**：100084
社 总 机：010-62770175　　**邮　　购**：010-83470235
投稿与读者服务：010-62776969，c-service@tup.tsinghua.edu.cn
质量反馈：010-62772015，zhiliang@tup.tsinghua.edu.cn
课件下载：http://www.tup.com.cn，010-83470236
印 装 者：北京鑫海金澳胶印有限公司
经　　销：全国新华书店
开　　本：185mm×260mm　　**印　　张**：12.5　　**字　　数**：309 千字
版　　次：2021 年 7 月第 1 版　　**印　　次**：2021 年 7 月第1 次印刷
印　　数：1～1500
定　　价：39.00 元

产品编号：090287-01

前　言

Python 语言是 1989 年由荷兰人 Guido van Rossum 开发的一种面向对象、解释型、动态数据类型的高级程序设计语言。它的诞生极具戏剧性，据 Guido 自述，Python 语言是他在圣诞节期间为了打发时间而开发的，之所以选择 Python 作为该编程语言的名称，是因为他是 Monty Python 戏剧团体的忠实粉丝。

Python 语言简单易学，并且有强大的 AI(Artificial Intelligence，人工智能)支持库，因此在当前机器学习、人工智能如火如荼的大背景下，迅速流行起来。可以毫不夸张地说，它天生就是一门人工智能语言，内置数据结构丰富，有丰富的第三方库助力机器学习和人工智能算法实现，让程序员更加关注业务本身，把复杂的计算交给库函数去完成。更加给力的是 Python 也提供 GUI 和 Web 应用，大有取代 Java 的趋势。Python 语言的普及程度还远远不够，本人认为至少在高校要让 Python 代替 C 语言成为普通本科生的入门语言，所有工科背景的学生都应该掌握。

本书是为适应当前 Python 语言程序设计的教学和学习的需要编写的，特别是在当前高校学分进一步压缩，课时分配紧张的情况下，专门为 32 课时的课程设置量身打造的。每一章都有配套的实验，避免了重复编写实验指导的麻烦。案例也是围绕机器学习展开讨论，学生能够在掌握 Python 语法的同时掌握机器学习的基本原理。通篇按照基础语法、数据结构、程序结构、函数模块、输入输出、面向对象的思路展开，在每章穿插了机器学习基础的案例，机器学习中的统计参数、变量分布、优化计算、矩阵分析、线性回归、线性分类等。这些案例都是经过挑选，既能巩固所学 Python 语法又能起到机器学习启蒙的作用。例如，统计参数均值和方差计算要使用的基础语法、各种数据类型变量的运算；变量分布需要数据结构保存样本；优化计算的梯度下降算法需要循环这种程序结构；矩阵分析需要调用 NumPy 包中的矩阵运算的函数；线性回归需要将结果图形输出；线性回归需要调用机器学习包 SkLearn 中的 Logistic 回归对象方法等。对这些案例程序的阅读能够充分拓展自己的 Python 实际应用能力，并且能够领悟 Python 语言作为人工智能语言的魅力，而不是仅仅停留在编几个实验室的程序，限制了自己的思维。

本书中所介绍的案例都是在 Windows 10 及 Python 3.8＋PyCharm 2020 环境下调试运行通过的，并配有相应的视频，每章都有配套的实验和习题。本书的编写还得到了金陵科技学院智能科学与控制工程学院吴有龙、王莹莹、周端等领导和同事的支持，他们对书稿提出了很多修改意见，在此一并向他们表示感谢。

所有的实例程序可以从清华大学出版社网站 http://www.tup.tsinghua.edu.cn 下载，但是还是建议读者先自己编写，在编写过程中肯定会出现各种各样的错误，需要耐心查看 Python 解释器给出的错误提示，努力修改，最后可以对照作者提供的代码发现自己的错误，这样才能提高程序设计水平。

由于时间仓促，书中难免存在不妥之处，恳请各位专家和读者批评指正，并提出宝贵意见。

作　者

2021 年 3 月

目　录

第1章 Python 语言概述

为了给读者一个关于 Python 语言的整体认识，本章从语言的视角分析，程序设计语言作为一种语言，有着和普通语言一样的要素。Python 语言作为一种程序设计语言，它的优势何在？Python 语言依靠什么确立其人工智能第一语言的地位？读者可以宏观感受 Python 语言在众多语言中的坐标位置，俯瞰 Python 语言的框架。

本章除了介绍 Python 语言的一般特性，还给出 Python 语言的运行和开发环境，以及应用 Python 语言开发机器学习算法程序，读者尝试搭建自己的 Python 环境，领略 Python 语言的魅力，感知 Python 语言助推人工智能发展的先天优越性。

1.1 语　　言

语言是人类进行沟通交流的表达方式。这里不是要给出它准确的文学定义，而是直观地类比生活中的自然语言，像人们日常所使用的汉语、英语等，这些语言都具有三个要素，即语音、语法和词汇。语言是由词汇按一定的语法所构成的语音表义系统。这里尤为关心的是，与即将要介绍的程序设计语言共性的语法和词汇问题。学习语言一般是先学习一些词汇，词汇的组合形成短语，再把这些单词或者短语按照使用习惯也就是语法，组织成一句完整的能够表达一定语义的句子，若干句子构成一篇表述某件事情或者论述某个观点的文章。

这样的文章最终是为了阅读交流，按照某一特定语言的语法书写和理解，自然交流就没有障碍，沟通也就没有问题。人类社会所使用的这种用于沟通交流的语言统称为自然语言。掌握不同语言的人们之间该怎么解决交流呢？正如联合国开会一样，各个国家代表团所用的语言不尽相同，这就需要在不同语言之间进行翻译。

人和计算机的交流怎么解决呢？人和计算机处于两个不同的世界，人和计算机之间的交流也需要语言来实现。人类社会使用的是自然语言，计算机使用的是机器语言，两者之间的差距可谓是天壤之别，好在有了翻译机制，一下子拉近了人和计算机之间的距离。从自然语言到机器语言需要两步翻译，第一步将自然语言描述的任务或者算法翻译成程序设计语言编写的程序，完成这一步翻译非程序员莫属，这个现状至少要维持到真正人工智能语言的出现，悲观一点地说在较长时间内都很难出现真正的人工智能语言，相反又可以乐观地说程序员在可预见的将来仍然是一种不可或缺的人才；第二步由程序设计语言程序翻译成机器语言程序，这是由各种程序设计语言的编译器或者解释器来完成的，这种编译器或解释器事先由语言的发明者编写好，程序员可以直接使用。

1.2 程序设计语言

程序设计语言(也称编程语言)是用于书写计算机程序的语言。既然是一门语言,那也就具备语言的三要素,特别是语法和词汇,只不过语法和词汇的形式发生变化,同样可以用学习自然语言的方法学习程序设计语言。有了这样的认识就能够减少初学者对于程序设计语言的畏惧,增强了初学者学好程序设计语言的信心。

用自然语言书写的是文章,用程序设计语言编写的就是程序。程序是能够在计算机中执行的指令的集合。这里要强调一点,程序能够在计算机上执行,但不是所有的程序设计语言书写的程序都能被计算机直接执行,为什么? 这里涉及程序设计语言中一门具体的也是最低级的语言——机器语言,也称为二进制语言。

机器语言是机器能直接识别的程序语言或指令代码,无需经过翻译,每一操作码在计算机内部都由相应的电路来完成。机器语言使用绝对地址和绝对操作码。不同的计算机都有各自的机器语言,即指令系统。

用机器语言编写的程序,即二进制代码,能够被计算机直接执行,但这种语言有一些缺陷,它是 10010111…的二进制数值形式,与人或者说与程序员之间非常不友好,程序员也很难掌握,因此利用机器语言开发程序的效率就比较低。试想,人记住一串数字方便还是记住一些有关联意义的字符串更方便呢? 例如,清华大学出版社主页可以用域名 www.tup.tsinghua.edu.cn/访问,也可以用 IP 地址 124.17.26.243 访问,一般记住域名会更加方便。

至此,稍微整理一下。程序设计语言是一种语言,机器语言是一种程序设计语言。程序设计语言除了机器语言这种最低级的语言之外,还有其他种类的程序设计语言,如汇编、C、Java、Python 等。就好比自然语言中有好多语种,如英语、法语和汉语等,这些自然语言之间要交流都离不开翻译。

这么多的程序设计语言(以下在不引起歧义的情况下称为语言)编写的程序要能够在计算机上执行,也离不开翻译,而且都要翻译成机器语言,执行这项翻译工作的程序称为翻译程序。

翻译程序究竟在什么时候将程序转换成机器语言程序呢? 不同的语言有不同的规定:

有的语言要求必须提前将所有源代码一次性地转换成二进制指令,也就是生成一个可执行程序(Windows 下的.exe),如 C 语言、C++、Golang、Pascal(Delphi)、汇编语言等,这些语言称为编译型语言,使用的翻译程序称为编译器。

有的语言可以一边执行一边转换,需要哪些源代码就转换哪些源代码,不会生成可执行程序,如 Python、JavaScript、PHP、Shell、MATLAB 等,这些语言称为解释型语言,使用的翻译程序称为解释器。

1.3 程序设计语言的发展

自 20 世纪 60 年代以来,世界上公布的程序设计语言已有上千种,但是只有很少一部分得到了广泛的应用。从发展历程来看,程序设计语言可以分为 4 代。

1.3.1 第一代机器语言

机器语言是由二进制 0、1 代码指令构成，不同的 CPU 具有不同的指令系统。机器语言程序难编写、难修改、难维护，需要用户直接对存储空间进行分配，编程效率极低。这种语言已经被渐渐淘汰了。

1.3.2 第二代汇编语言

汇编语言指令是机器指令的符号化，与机器指令存在着直接的对应关系，所以汇编语言同样存在难学难用、容易出错、维护困难等缺点。但是汇编语言也有自己的优点：可直接访问系统接口，汇编程序翻译成的机器语言程序的效率高。从软件工程角度来看，只有在高级语言不能满足设计要求，或不具备支持某种特定功能的技术性能，如特殊的输入输出时，汇编语言才被使用。

1.3.3 第三代高级语言

高级语言是面向用户的、基本上独立于计算机种类和结构的语言。其最大的优点是：形式上接近于算术语言和自然语言，概念上接近于人们通常使用的概念。高级语言的一个命令可以代替几条、几十条甚至几百条汇编语言的指令。因此，高级语言易学易用，通用性强，应用广泛。高级语言种类繁多，可以从应用特点和对客观系统的描述两个方面对其进一步分类。从应用角度来看，高级语言可以分为基础语言、结构化语言和专用语言。

1. 基础语言

基础语言也称通用语言。它历史悠久，流传很广，有大量的已开发的软件库，拥有众多的用户，为人们所熟悉和接受。属于这类语言的有 FORTRAN、COBOL、BASIC、ALGOL 等。FORTRAN 语言是国际上广为流行、也是使用最早的一种高级语言，从 20 世纪 90 年代起，在工程与科学计算中一直占有重要地位，备受科技人员的欢迎。BASIC 语言是在 20 世纪 60 年代初为适应分时系统而研制的一种交互式语言，可用于一般的数值计算与事务处理。BASIC 语言结构简单，易学易用，并且具有交互能力，成为许多初学者学习程序设计的入门语言。

2. 结构化语言

20 世纪 70 年代以来，结构化程序设计和软件工程的思想日益为人们所接受和欣赏。在它们的影响下，先后出现了一些很有影响的结构化语言，这些结构化语言直接支持结构化的控制结构，具有很强的过程结构和数据结构能力。Pascal、C、Ada 语言就是它们的突出代表。

Pascal 语言是第一个系统地体现结构化程序设计概念的现代高级语言，软件开发的最初目标是把它作为结构化程序设计的教学工具。它模块清晰、控制结构完备、有丰富的数据类型和数据结构、语言表达能力强、移植容易，不仅被国内外许多高等院校定为教学语言，而且在科学计算、数据处理及系统软件开发中都有较广泛的应用。

C 语言功能丰富,表达能力强,有丰富的运算符和数据类型,使用灵活方便,应用面广,移植能力强,编译质量高,目标程序效率高,具有高级语言的优点。同时,C 语言还具有低级语言的许多特点,如允许直接访问物理地址,能进行位操作,能实现汇编语言的大部分功能,可以直接对硬件进行操作等。用 C 语言编译程序产生的目标程序,其质量可以与汇编语言产生的目标程序相媲美,具有"可移植的汇编语言"的美称,成为编写应用软件、操作系统和编译程序的重要语言之一。

3. 专用语言

专用语言是为某种特殊应用专门设计的语言,通常具有特殊的语法形式。一般来说,这种语言的应用范围窄,移植性和可维护性不如结构化程序设计语言。随着时间的推移,被使用的专业语言已有数百种,应用比较广泛的有 APL 语言、Forth 语言和 LISP 语言。

从描述客观系统来看,程序设计语言可以分为面向过程语言和面向对象语言。

1) 面向过程语言

以"数据结构+算法"程序设计范式构成的程序设计语言,称为面向过程语言。前面介绍的程序设计语言大多为面向过程语言。

2) 面向对象语言

以"对象+消息"程序设计范式构成的程序设计语言,称为面向对象语言。比较流行的面向对象语言有 Delphi、Visual Basic、Java、C++、Python 等。

Java 语言是一种面向对象的、不依赖于特定平台的程序设计语言。它简单、可靠、可编译、可扩展、多线程、结构中立、类型显示说明、动态存储管理、易于理解,是一种理想的、用于开发 Internet 应用软件的程序设计语言。

1.3.4 第四代非过程化语言

第四代语言是非过程化语言,编码时只需说明"做什么",不需描述算法细节。数据库查询和应用程序生成器是第四代语言(简称 4GL)的两个典型应用。用户可以用数据库查询语言(Structured Query Language, SQL)对数据库中的信息进行复杂的操作。用户只需将要查找的内容在什么地方、根据什么条件进行查找等信息告诉 SQL,SQL 将自动完成查找过程。应用程序生成器则是根据用户的需求"自动生成"满足需求的高级语言程序。真正的第四代程序设计语言应该说还没有出现。所谓的第四代语言,大多是指基于某种语言环境,具有 4GL 特征的软件工具产品,如 System Z、PowerBuilder、FOCUS 等。第四代程序设计语言是面向应用,为最终用户设计的一类程序设计语言。它具有缩短应用开发过程、降低维护代价、最大限度地减少调试过程中出现的问题以及对用户友好等优点。

1.4 Python 程序设计语言

Python 语言是 1989 年荷兰人 Guido van Rossum (简称 Guido)开发的一种面向对象、解释型、动态数据类型的高级程序设计语言。它的诞生极具戏剧性,据 Guido 的自述,Python 语言是他在圣诞节期间为了打发时间开发的,之所以选择 Python 作为该编程语言的名称，是因为他是一个名为 Monty Python 戏剧团体的忠实粉丝。图 1.1 是 Python 语言的开发者 Guido。

图 1.1　Python 语言的开发者 Guido

Python 语言是在 ABC 教学语言的基础上发展来的；遗憾的是，ABC 语言虽然非常强大，却没有被普及应用，Guido 认为是它不开放导致的。基于这个考虑，Guido 在开发 Python 时，不仅为其添加了很多 ABC 没有的功能，还为其设计了各种丰富而强大的库，利用这些 Python 库，程序员可以把使用其他语言制作的各种模块（尤其是 C 和 C++ 语言）很轻松地联结在一起，因此 Python 又常被称为“胶水”语言。这里的库和模块，简单理解就是一个个源文件，每个文件中都包含可实现各种功能的方法（也可称为函数）。

从整体上看，Python 语言最大的特点就是简单。该特点主要体现在两个方面：一方面，Python 语言的语法简洁明了，即便是非软件专业的初学者，也很容易上手；另一方面和其他编程语言相比，实现同一个功能，Python 语言的实现代码往往是最短的。

从细节上看，Python 语言拥有高效的高级数据结构，并且能够用简单而又高效的方式进行面向对象编程。优雅的语法和动态类型，再结合它的解释性，使其在大多数平台的许多领域成为编写脚本或开发应用程序的理想语言。

Python 语言有两个版本，即 Python 2.0 和 Python 3.0。Python 2.0 已经停止更新，因此本书所讲的语法都是基于 Python 3.0。目前，Python 最高的稳定版本是 Python 3.8。本书所有的代码都是在 Python 3.7 编译器上调试通过的。

Python 语言的特点主要有以下几点。

（1）易于学习：Python 结构简单，有相对较少的关键字和一个明确定义的语法，学习起来更加容易。

（2）易于阅读：Python 代码定义得更清晰。

（3）易于维护：Python 的成功在于它的源代码相当容易维护。

（4）一个广泛的标准库：Python 的最大的优势之一是丰富的库，跨平台的，在 UNIX、Windows 和 Mac OS 兼容很好。

（5）互动模式：互动模式的支持，可以从终端输入执行代码并获得结果的语言，互动的测试和调试代码片断。

（6）可移植：基于其开放源代码的特性，Python 已经被移植（也就是使其工作）到许多平台。

（7）可扩展：如果需要一段运行很快的关键代码，或者是想要编写一些不愿开放的算法，可以使用 C 或 C++ 完成该部分程序，然后从 Python 程序中调用。

（8）数据库：Python 提供所有主要的商业数据库的接口，包括 MySQL、SQL Server 等。

（9）GUI 编程：Python 支持 GUI 可以创建和移植到许多系统调用。

(10) 可嵌入：可以将 Python 嵌入 C/C++程序中，让程序的用户获得脚本化的能力。

1.5 Python 语言的优势

从 1991 年发布第一个 Python 版本，至今已经 30 年了。最近几年，随着人工智能概念的火爆，Python 迅速升温，成为众多人工智能(AI)从业者的首选语言。那么，Python 到底有什么优势呢？怎么能够成为人工智能的第一语言呢？

1. 比以往任何一门语言更加接近自然语言

计算机发展的终极目标是实现智能化、拟人化。到那时程序员可能会退出舞台，人和计算机可以利用自然语言无障碍地交流，程序当然也是利用自然语言书写。现在，虽然离这个目标还有很长一段路要走，但是这种进程丝毫没有停止过。每一次技术进步都离这个目标更近一步。Python 语言就是众多程序设计语言中，离这个目标又近一步的语言，也就是比以往任何一门语言都更加接近自然语言，稍微做一个比较就不难发现这一点。

回到生命的起点会发现，呱呱坠地的婴儿会用一声啼哭来问候这个陌生的世界。我们要借助程序给计算机赋予人工生命和智能，让它向这个陌生的世界发出一声响亮的“Hello world!”的问候。这也是为什么学习每一门语言的第一个小程序就是打印“Hello world!”的原因。如果分别用汇编语言、C 语言、Java 语言和 Python 语言来完成这个任务，会有什么不同呢？

1) 汇编语言

汇编语言要输出“Hello world!”这样一句提示，可以用程序 1.1 的汇编代码来实现。不需要深究其中的语法，大概解释一下：程序分成两个段(Segment)，即数据段和代码段，将字符串“Hello world!”定义在数据段内，在代码段调用 DOS 功能显示字符串，最后退出程序返回 DOS 系统。对于显示这个字符串而言，程序 1.1 的 16 行代码都是必需的，没有多余的代码，可以感受一下它的代码量和复杂程度。感兴趣的读者可以将这些代码输入到 MASM for Windows 集成实验环境中编译运行，就能得到图 1.2 所示的结果。代码中分号“;”是汇编语言的注释符。

```
;程序 1.1  汇编语言向控制台输出字符串 Hello world
DATA SEGMENT            ;定义数据段
    s db 'hello world! $ '
DATA ENDS
CODE SEGMENT            ;定义代码段
    ASSUME CS:CODES,DS:DATAS,SS:STACKS
START:
    MOV AX,DATA         ;数据段地址送 DS 寄存器
    MOV DS,AX
    lea dx,s            ;DOS 显示功能调用
    mov ah,9
    int 21h
    MOV AH,4CH          ;退出
    INT 21H
CODE ENDS
END START
```

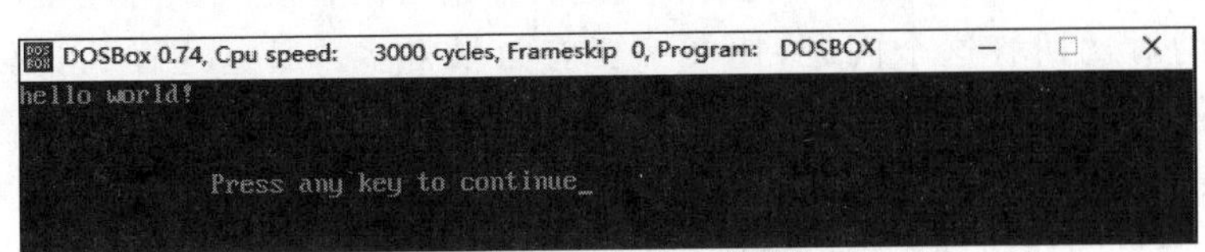

图 1.2　利用汇编语言向控制台输出字符串结果

2) C 语言

相比汇编语言，C 语言向控制台输出字符串代码则精致了很多。C 语言直接调用标准的输入输出函数 printf()输出字符串，将程序 1.2 输入 Dev-C++开发环境中运行，同样得到图 1.2 的结果。程序 1.1 的部分工作交给了 C 语言提供的函数 printf()来完成，程序的退出在主函数 main()运行结束就返回系统，也不需要像程序 1.1 那样人为地编写退出程序。这样，程序员的工作量就减轻了。一定要明确的是，代码减少并不代表输出显示字符串的工作变得简单或者简化了，而是程序员编写的程序变得简单和简化了。代码中的双斜杠"//"是 C 语言的注释符。

```
//程序 1.2　C 语言向控制台输出字符串 Hello world
#include <stdio.h>
void main(){
    printf("hello world!");
}
```

3) Java 语言

Java 语言是面向对象的语言，相比较 C 语言而言，多了一层类的封装，将主函数 main()封装在类中。将程序 1.3 复制到 Eclipse 集成环境中运行，也能得到类似图 1.2 的结果。Java 语言在这个问题上的代码量和 C 语言相当，它们都属于高级语言。

```
//程序 1.3　Java 语言向控制台输出字符串 Hello world
class Hello{
    public static void main(String args[]){
        System.out.println("hello world!");
    }
}
```

4) Python 语言

使用 Python 语言编写的程序是如此简洁，甚至连程序的入口 main()函数都不用定义了。与上述两种高级语言相比，程序 1.4 被进一步简化。再次强调，这种简化仅仅是程序员书写程序变得简化，并不意味输出显示这个任务被简化。工作还是一样要做，只不过这些工作交给了 Python 语言提供的函数库，正是由于函数库的强大才使得程序员的工作变得简单。

```
#程序 1.4　Python 语言向控制台输出字符串 Hello world
print('hello world!')
```

程序 1.1～程序 1.4 运行输出，都是图 1.2 显示的结果。对比这几种典型的高级语言，可以直观地看出 Python 语言的简单程度和接近自然语言的程度。要问有没有更加简单的语言，用这样的对比回答这个问题，比文字要有力量得多。通过这样的比较，不难发现 Python 语言是目前最简单、最接近自然语言的高级语言。由此，学习 Python 语言的积极性和信心也提振了不少。

补充一点语言的层级问题，如图 1.3 所示的几种语言。语言的高级低级问题并不是生活中的高贵低贱的问题。从图 1.3 可以看出，所谓高级语言只是与人的语言比较接近，与计算机的距离比较远而已。越接近人的语言，交流越方便，编写更简单，具体到程序设计，编程就会更加简单。凡事都具有两面性，高级语言距离机器比较远，这也带来负面的因素，那就是高级语言编写的程序要经过复杂的编译或者解释才能被机器接受，执行的效率也不如低级语言编写的程序高。例如，汇编语言可以直接对中央处理器 CPU 中的寄存器进行操作，C 语言可以直接对内存进行操作，Java 语言以及很多高级语言都不具备这样优秀的性质。

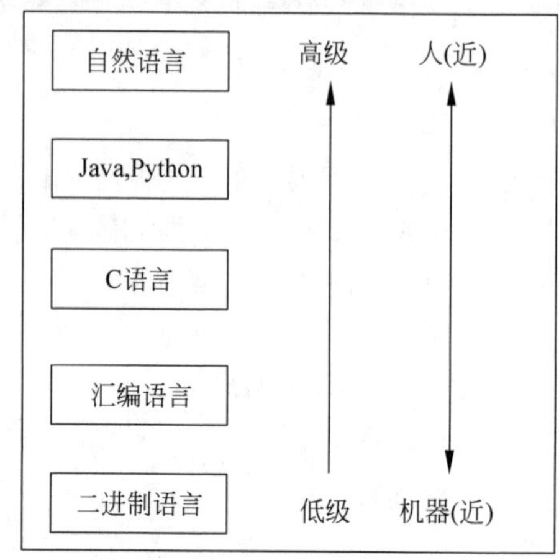

图 1.3　语言的层级关系

2. 强大的 AI 支持库

Python 语言有非常丰富的标准库和第三方库。加利福尼亚大学所支持的荧光动力学实验室（https://www.lfd.uci.edu/～gohlke/pythonlibs/）就按照日期顺序收集了 511 个常用的扩展库，如图 1.4 所示。这些库还在不断丰富中，每个库都提供了 Windows 平台下的 32 位和 64 位的二进制开源扩展包。

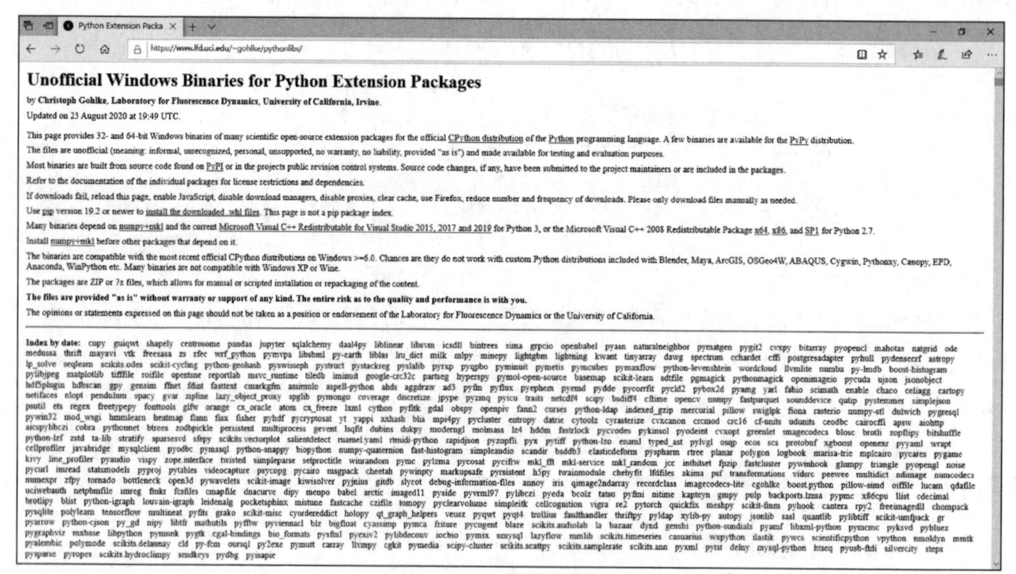

图 1.4　Windows 平台的 Python 扩展包

1）矩阵运算库

Python 的一些第三方库支持快速的矩阵运算，不需要自己写循环对矩阵的元素运算。其中，NumPy 由数据科学家 Travis Oliphant 创作，支持维度数组与矩阵运算，结合 Python 内置的 math 和 random 库，堪称 AI 数据神器，有了它们，就可以放心大胆做矩阵运算了。不管是机器学习，还是深度学习，模型、算法、数据处理都要用到大量矩阵或向量计算。使用 NumPy，矩阵的转置、求逆、求和、叉乘、点乘等运算都可以轻松地用一行代码完成，行、列可以轻易抽取，矩阵分解也不过是几行代码的问题。而且，NumPy 在实现层对矩阵运算做了大量的并行化处理，通过数学运算的精巧，而不是让用户自己写多线程程序，来提升程序效率。

2）机器学习库

Python 还有很多机器学习库，甚至深度学习库，非常快速稳定，程序员可以在不是特别理解机器学习原理的基础上快速构建人工智能系统。

对于普通用户，也可以连算法都不用管，只调用 Scikit-Learn 的对象方法即可。例如，训练和使用一个 logistic Regression 模型，只需要程序 1.5 中的几行代码就可以了，代码中的关键字、模块名、变量名几乎都是英文单词，非常容易理解。

```
#程序 1.5　调用 Scikit-Learn 的对象方法实现训练和预测
from sklearn.linear_model import LogisticRegression            #引用机器学习模型
classifier = LogisticRegression()                              #初始化分类器
classifier.fit(train_set, target)                              #训练模型
y_hat = classifier.predict(test_set)                           #预测测试数据
print(y_hat)                                                   #输出预测结果
```

有了 Python 这种语法简洁明了、风格统一，不需要关注底层实现，连矩阵元素都可以像在纸上写公式一样；写完公式还能自动计算出结果的编程语言，开发者就可以把工作重心放在模型和算法上了。

3. 解释型语言

Python 是一门解释型语言。解释器不会一次把整个程序翻译出来，而是每翻译一行程序就立刻运行，然后再翻译下一行再运行，不产生目标程序。解释器就像同声口译，编程语言每说完一句话，解释器立即翻译给计算机，计算机立即执行程序。

Python 语言编写的程序不需要装编译器编译程序，就可以直接运行。而 C 语言和 Java 语言则需要安装编译器，而且如果版本和环境有偏差的话，可能还需要修改源文件。因此，对于初学者来讲，使用 Python 这样的解释性语言更直观方便，也更省事。

由于以上优势，Python 在人工智能领域已经遥遥领先其他语言，大有取代 Java 语言的趋势。

1.6　Python 环境

Python 环境分为运行环境和开发环境。Python 是一门解释型语言，它的运行环境实际上是一个解释器。Python 解释器有两种安装方法：第一种是从官网 www.python.org 下载安装，第二种是 Anaconda 安装方式。Python 开发环境可以是在 Python 的交互式环境

IDLE 中开发，也可以在类似 PyCharm 集成开发环境中开发脚本文件。本书的所有示例代码都是在 PyCharm 集成环境中开发的。

1.6.1 运行环境

视频 1

1. Python 官网下载安装

Python 官网提供不同平台的解释器，有 Windows 操作系统和 Linux 操作系统的解释器。根据自己计算机操作系统的类型选择相应平台的解释器，这也就是为什么说 Python 语言是可以移植的。不同平台有不同的解释器，实现了 Java 语言的虚拟机的功能，在 Windows 平台编写的 Python 程序可以无缝地移植到 Linux 平台，无须修改直接运行。

下面以 Windows 平台为例，演示 Python 3 解释器的安装过程。

(1) 打开 Web 浏览器，访问网址 https://www.python.org/downloads/windows/，如图 1.5 所示。

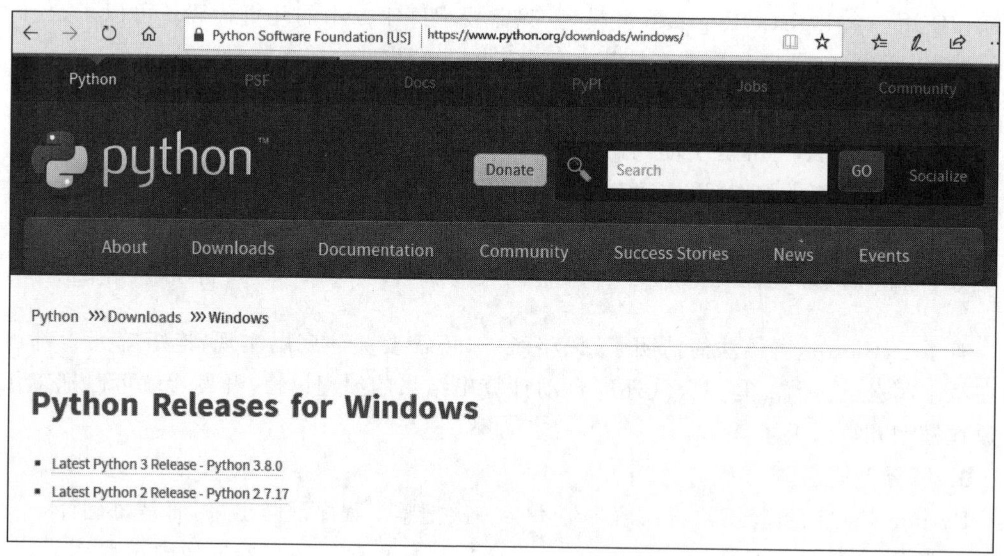

图 1.5 Web 浏览器访问 Python 官网

(2) 单击 Python 3.8.0 的超链接，在下载列表中选择 Windows 平台安装包，如图 1.6 所示。随着 Python 版本的不断更新，读者下载时的版本可能与这里演示的版本号不尽相同。

(3) 下载后，双击 python-3.8.0.exe 文件，进入 Python 安装向导。

(4) 安装过程若要修改安装目录，则选择自定义安装。如果勾选图 1.7 中的 Add Python 3.8 to PATH 复选框，安装完成后则自动将安装目录添加到 Windows 操作系统的 Path 目录，无须再去设置环境变量。

(5) 使用默认的设置一直单击“下一步”按钮直到安装完成。

安装完成后，在命令行窗口输入 Python 即可出现图 1.8 所示的 Python 版本信息，以及脚本命令提示“>>>”。其中，版本信息包括 Python 的版本号和时间戳，至此可以确定 Python 解释器已经正确安装。

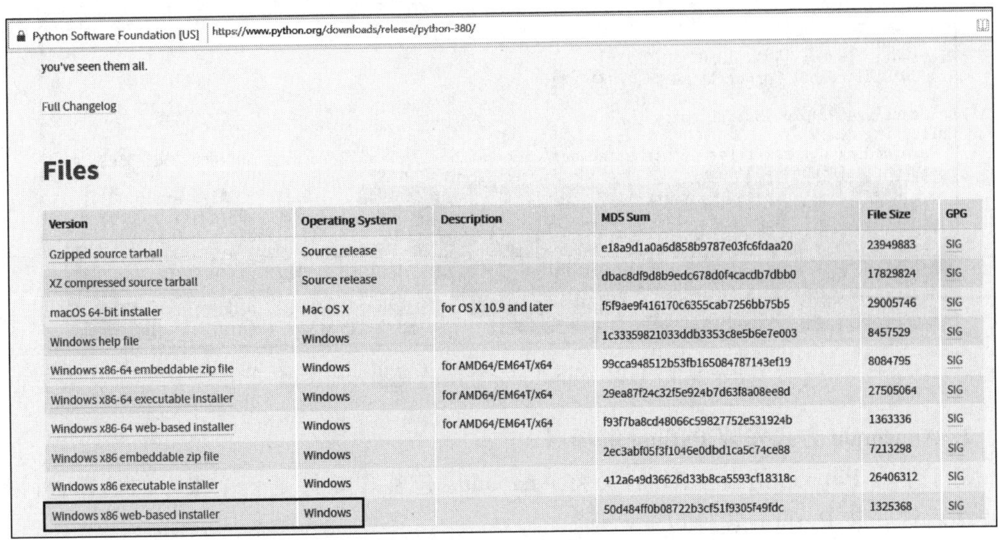
Python Software Foundation [US] https://www.python.org/downloads/release/python-380/

you've seen them all.

Full Changelog

Files

Version	Operating System	Description	MD5 Sum	File Size	GPG
Gzipped source tarball	Source release		e18a9d1a0a6d858b9787e03fc6fdaa20	23949883	SIG
XZ compressed source tarball	Source release		dbac8df9d8b9edc678d0f4cacdb7dbb0	17829824	SIG
macOS 64-bit installer	Mac OS X	for OS X 10.9 and later	f5f9ae9f416170c6355cab7256bb75b5	29005746	SIG
Windows help file	Windows		1c33359821033ddb3353c8e5b6e7e003	8457529	SIG
Windows x86-64 embeddable zip file	Windows	for AMD64/EM64T/x64	99cca948512b53fb165084787143ef19	8084795	SIG
Windows x86-64 executable installer	Windows	for AMD64/EM64T/x64	29ea87f24c32f5e924b7d63f8a08ee8d	27505064	SIG
Windows x86-64 web-based installer	Windows	for AMD64/EM64T/x64	f93f7ba8cd48066c59827752e531924b	1363336	SIG
Windows x86 embeddable zip file	Windows		2ec3abf05f3f1046e0dbd1ca5c74ce88	7213298	SIG
Windows x86 executable installer	Windows		412a649d36626d33b8ca5593cf18318c	26406312	SIG
Windows x86 web-based installer	Windows		50d484ff0b08722b3cf51f9305f49fdc	1325368	SIG

图 1.6　Python 官网下载列表

图 1.7　双击打开安装文件安装界面

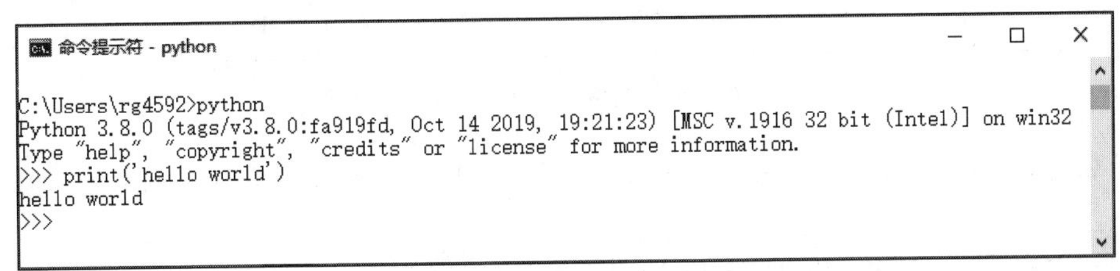

命令提示符 - python
C:\Users\rg4592>python
Python 3.8.0 (tags/v3.8.0:fa919fd, Oct 14 2019, 19:21:23) [MSC v.1916 32 bit (Intel)] on win32
Type "help", "copyright", "credits" or "license" for more information.
>>> print('hello world')
hello world
>>>

图 1.8　命令行键入 python 后的提示窗口

如果需要安装一些标准库，只需使用 pip install XXX 命令。图 1.9 显示的是安装 NumPy 库的情形。NumPy 是 Python 数值计算方面的函数库。现在的 Python 解释器已经自带 NumPy 库。

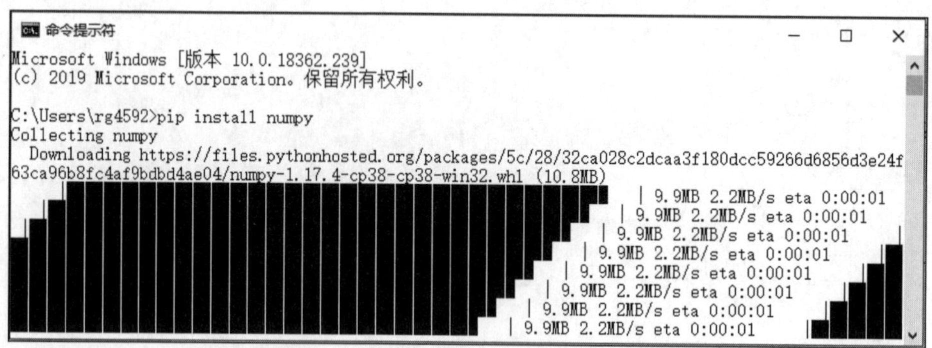

图 1.9　NumPy 标准库的安装界面

2. Anaconda 方式安装 Python 解释器

对于学习 Python 的新手来说，安装 Anaconda 包管理软件是一个很好的选择，可以减少很多后续安装 Python 各种包的麻烦。

在浏览器中输入网址 https://www.anaconda.com/distribution/，可以看到如图 1.10 所示的 Web 浏览器访问的界面。Anaconda 提供了 3 种平台的安装包，有 Windows、Mac OS 以及 Linux。这里针对 Windows 平台演示安装过程，即图 1.10 矩形框中 Python 3.7 版本的 64 位安装包。

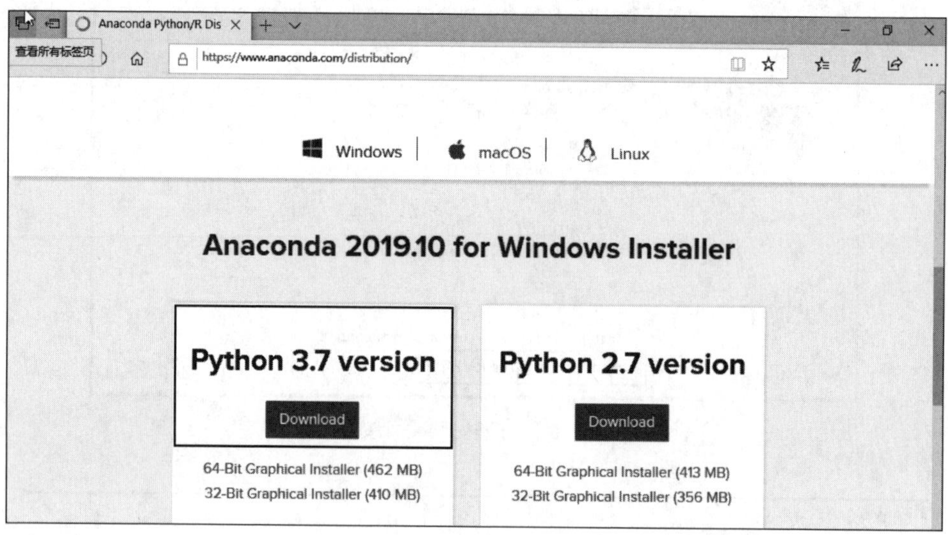

图 1.10　Web 浏览器访问 Anaconda 官网

下载完成之后，双击打开安装包，使用默认设置，单击 Next 按钮直到完成安装，如图 1.11 所示。

安装完毕之后，单击 Windows 10 操作系统的“开始”菜单中的 Anaconda Prompt 菜单选项，在弹出的命令行窗口输入 python --version，测试解释器是否安装成功。安装正常则会显示图 1.12 所示的 Python 版本号。

如果需要安装不在 Anaconda 管理范围内的库，可以输入 conda install XXX 来安装，图 1.12 中显示的是安装深度学习库 tensorflow 的情形。

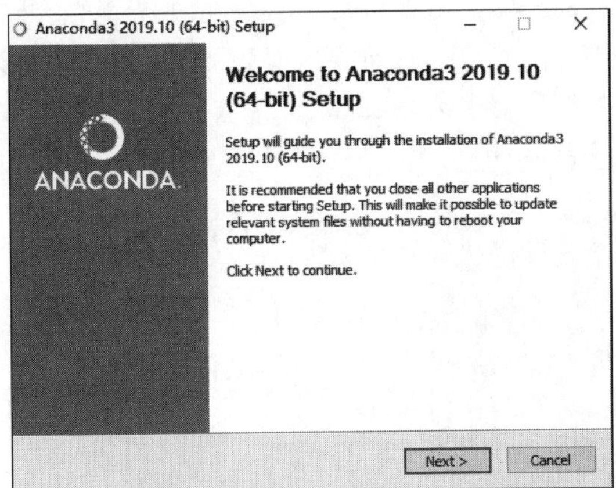

图 1.11　双击 Anaconda 安装包的安装界面

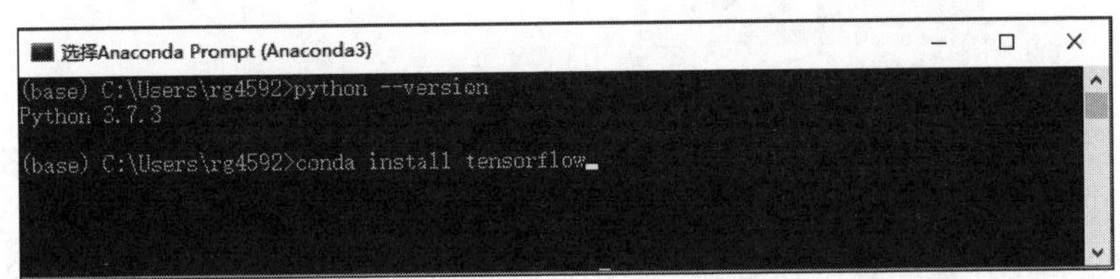

图 1.12　Anaconda 安装测试以及 conda 方式安装第三方库

1.6.2　开发环境

视频 2

Python 开发环境有好多种，本书所使用的是 PyCharm 集成开发环境，它的安装包可以从 http://www.jetbrains.com/pycharm/download/#section=windows 下载。该地址提供专业版(Professional)和社区版(Community)两种版本。专业版是付费版，功能更加全面；社区版是免费版，对于普通开发者已经是足够使用了。这里下载 Community 版本的 Pycharm 并安装，如图 1.13 矩形框中所示。

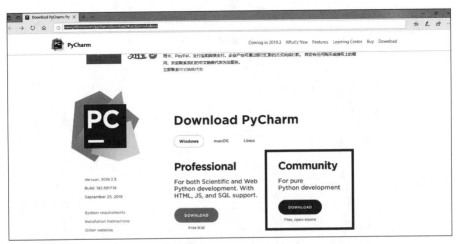

图 1.13　Web 浏览器访问 PyCharm 官网

下载完成后，双击打开安装包，出现如图 1.14 所示的界面，安装完毕打开并完成相应的设置就可以开发 Python 程序。其中，最重要的是设置 Python 解释器的路径，让 PyCharm 在编译时自动利用设置的解释器来编译项目。

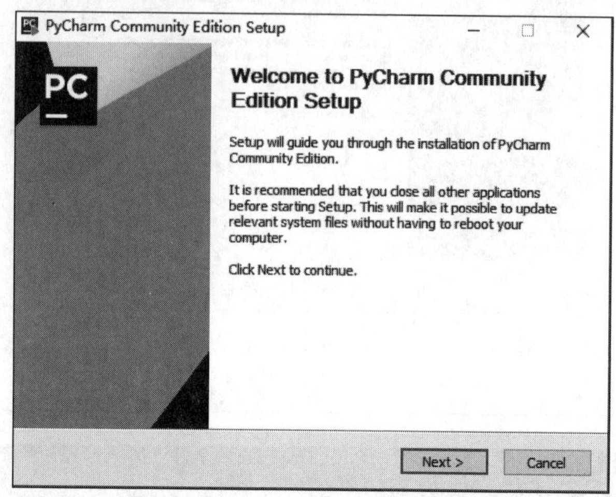

图 1.14　双击 PyCharm 安装包后的安装界面

打开 PyCharm 开发环境之后，出现如图 1.15 所示的界面，这里界面显示的色调是已经修改了 theme(主题)的浅色调，默认 theme 是黑色，普遍认为深色有利于保护程序员的视力，所以很多程序员都采用默认的界面主题，显示黑色界面。在图中单击 New Project 按钮新建一个项目，可以单击图中右下角的 Configure 下三角按钮配置 Python 解释器的路径；也可以在下一步项目创建过程中设置该路径，即在图 1.16 中展开红色箭头所指的 Project Interpreter 菜单中进行设置。

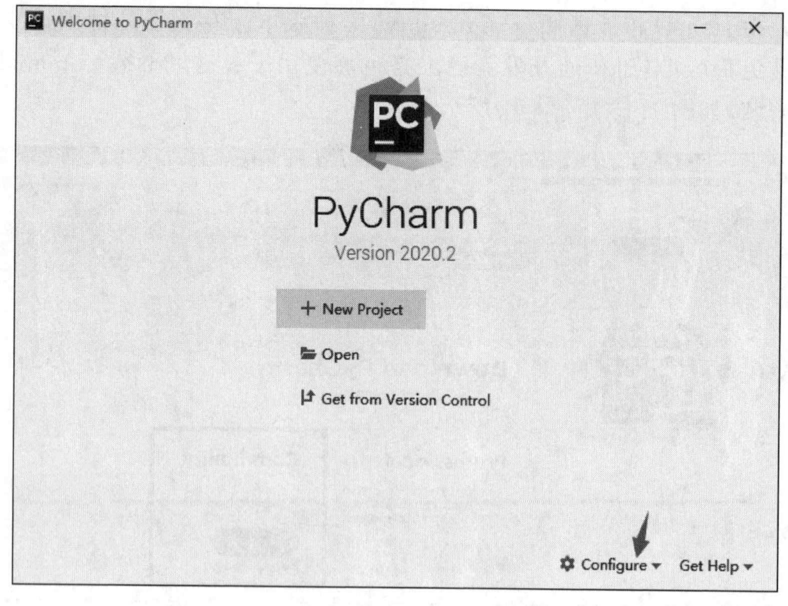

图 1.15　打开 PyCharm 开发环境的界面

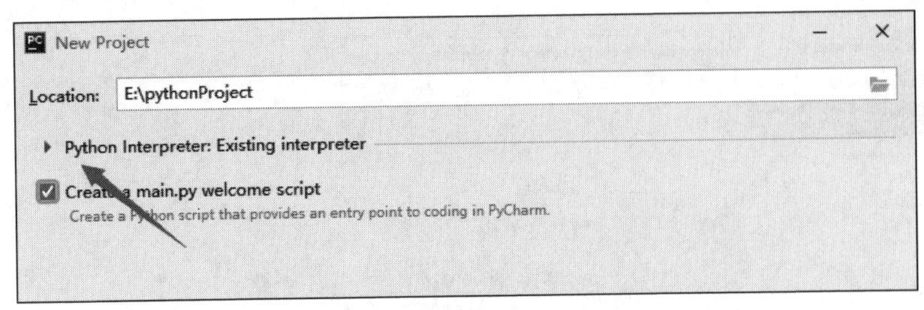

图 1.16　配置项目的解释器路径

展开图 1.16 的 Project Interpreter 选项之后，出现如图 1.17 所示的窗口，选中 Existing interpreter 单选按钮，单击 Interpreter 右侧箭头所指的按钮配置解释器。图 1.17 中的 New environment using 选项用于创建虚拟运行环境，虚拟运行环境的作用是为开发的每个应用提供一个独立的运行环境。如果同时开发多个应用程序，那这些应用程序可以共用一个 Python 解释器，即安装在系统的 Python 3，也可以为每个应用各自配置一套独立的 Python 运行环境。

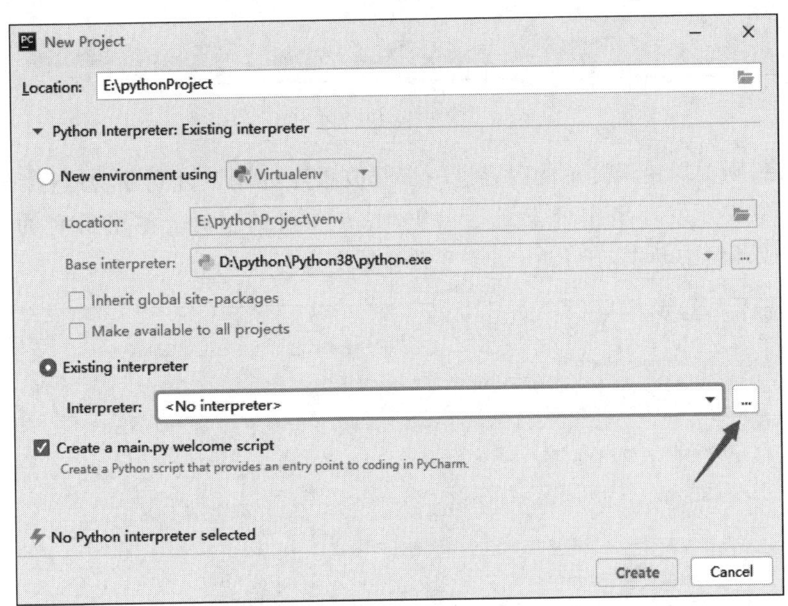

图 1.17　解释器路径配置

单击图 1.18 左侧的 System Interpreter 选项，选择刚刚已安装的 Python 3.8，就完成解释器的配置了。

选择配置完毕，单击图 1.19 中的 Create 按钮创建项目，出现如图 1.20 所示界面。由于在上一步默认选择了 create a main.py welcome script 选项，因此图 1.20 中已经包含一段完整的 Python 脚本，该脚本实现的是打印“Hi, Pycharm”字符串的功能。运行图 1.20 中的 Run 菜单的 Run 子菜单就可以看到图中下方的结果；也可以在菜单 File 中单击 New 子菜单，选择 Python File 选项新建一个 Python 文件并命名为 test；输入自己的 Python 脚本程序，单击 Run 菜单运行，在图 1.20 下方的窗口就可以看到运行的结果或者错误提示。

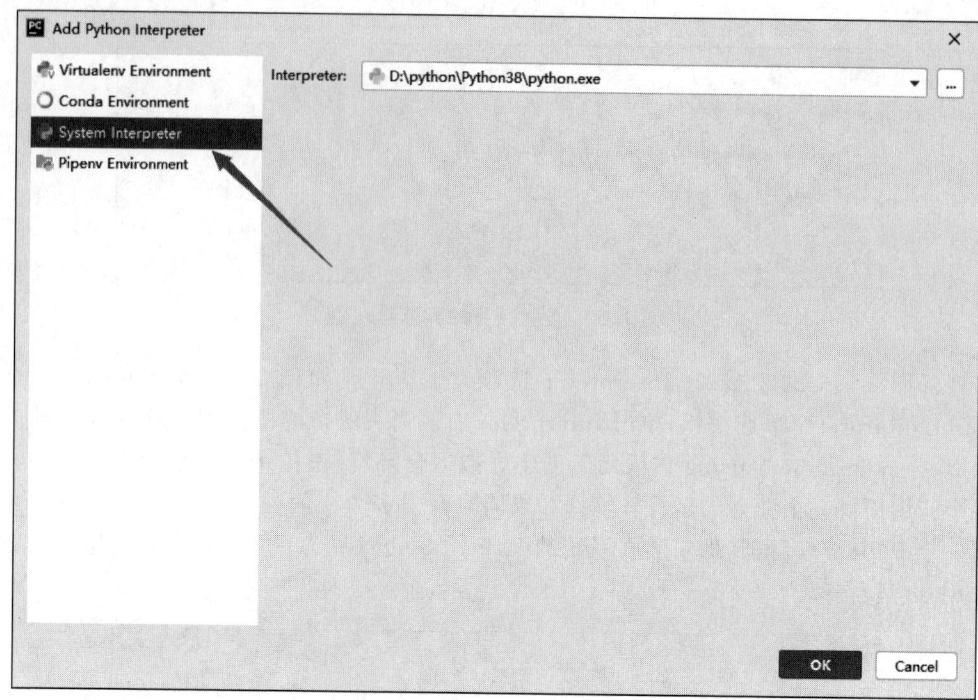

图 1.18　System Interpreter 配置

如果程序有错，则根据错误提示的内容进一步修改程序并调试直到成功运行。这就完成了在 PyCharm 集成开发环境中开发自己的 Python 项目的过程。本书所有的代码都是在 PyCharm 集成环境中开发，在 Python 3.8 解释器上运行。

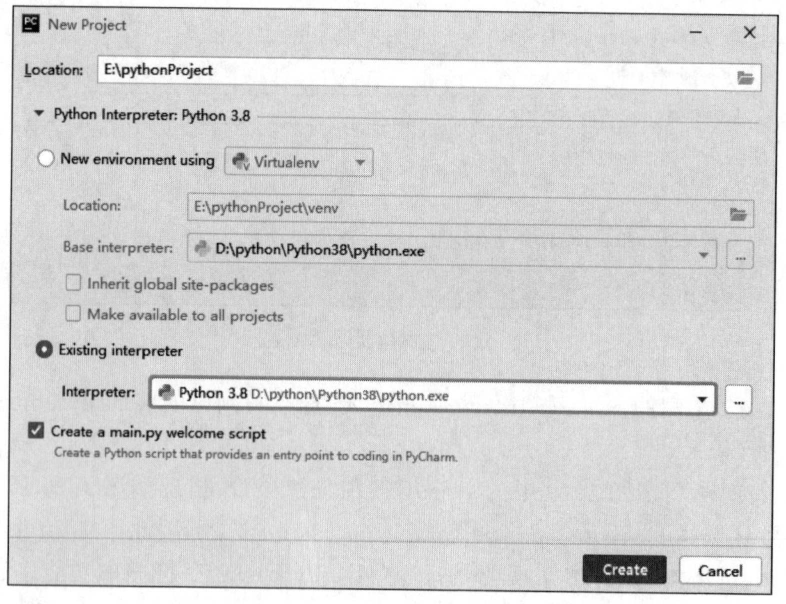

图 1.19　解释器配置完成界面

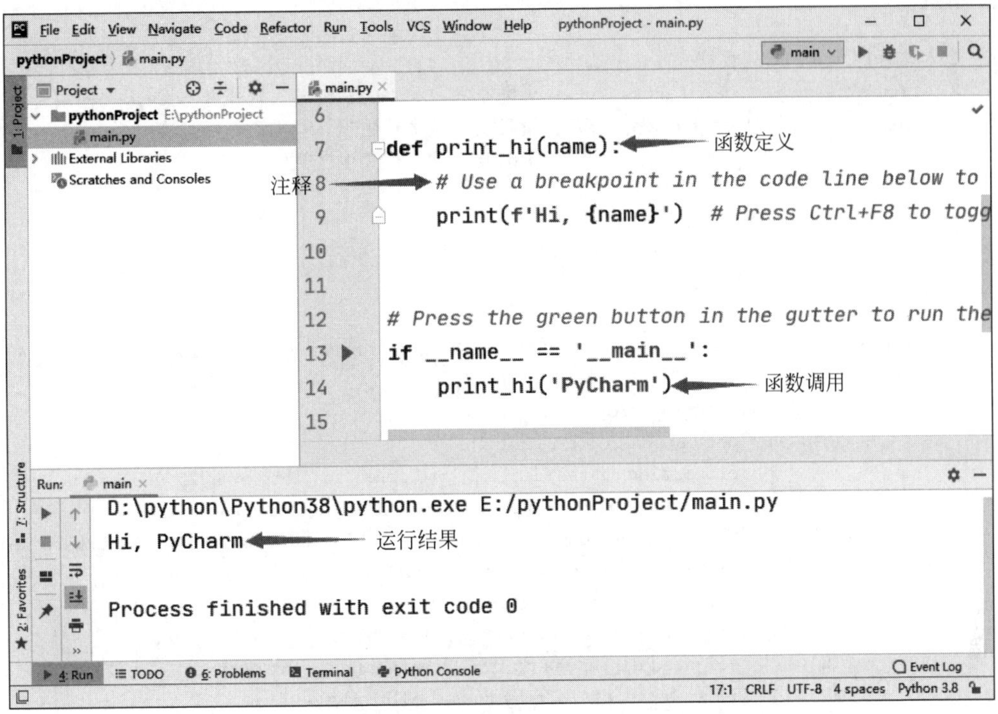

图 1.20　在 PyCharm 中新建的 Python 文件并运行

1.7　第一个机器学习小程序

视频 3

Python 语言是人工智能第一语言，如何落地体现？本书中所有的案例都围绕人工智能的一种方式——机器学习来选题。读者可以一边学习 Python 语法，一边体验机器学习的算法实现，在学好 Python 语法的同时不知不觉中掌握机器学习的一般原理。学习 Python 语言不是为了钻在语法黑洞里自娱自乐，而是为了方便地实现机器学习和人工智能算法，为了解决实际问题。

这里给出一个利用 Python 语言预测波士顿房价，解决一个实际问题的案例，以便对机器学习有一个框架性的认识。案例虽小，但囊括了机器学习的一般步骤。案例中所涉及的代码读者可能还不熟悉，在看完本书之后就会一目了然。这也是提前定一个目标，如果能够充分理解案例，并在没有参考的情况自己任意编写这样的案例程序，就算学有所成。

1.7.1　波士顿房价数据集

波士顿房价数据集统计的是 20 世纪 70 年代中期波士顿郊区房价的中位数，统计了当时教区部分的犯罪率、房产税等共计 13 个指标，统计出房价，试图能找到那些指标与房价的关系。在数据集中包含 506 组数据，程序 1.6 演示的是加载房价数据和输出数据集的描述信息。程序 1.6 第 2 行是从机器学习 sklearn 包导入数据集 datasets 模块；第 3 行是调用 datasets 模块中的函数加载波士顿房价数据，该函数返回数据是字典类型，共有 4 个 key，分别是 data、target、feature names 和 DESCR；第 4 行是打印返回的字典中'DESCR'关键字信息。

```
#程序 1.6  加载数据
from sklearn import datasets            #从机器学习 sklearn 包导入数据集 datasets 模块
data = datasets.load_boston()           #加载波士顿房价数据,返回字典数据结构
print(data['DESCR'])                    #输出波士顿数据集的描述
```

输出结果:

```
** Data Set Characteristics: **
    :Number of Instances: 506
    :Number of Attributes: 13 numeric/categorical predictive. Median Value (attribute 14) is
usually the target.
    :Attribute Information (in order):
        - CRIM      per capita crime rate by town
        - ZN        proportion of residential land zoned for lots over 25,000 sq.ft.
        - INDUS     proportion of non - retail business acres per town
        - CHAS      Charles River dummy variable ( = 1 if tract bounds river; 0 otherwise)
        - NOX       nitric oxides concentration (parts per 10 million)
        - RM        average number of rooms per dwelling
        - AGE       proportion of owner - occupied units built prior to 1940
        - DIS       weighted distances to five Boston employment centres
        - RAD       index of accessibility to radial highways
        - TAX       full - value property - tax rate per $10,000
        - PTRATIO   pupil - teacher ratio by town
        - B         1000(Bk - 0.63)^2 where Bk is the proportion of blacks by town
        - LSTAT     % lower status of the population
        - MEDV      Median value of owner - occupied homes in $1000's
```

从输出的描述可以看出,该数据集可以看作一个大小为 506×14 的矩阵,也就是 506 行 14 列,每一行包括 13 个特征值(feature)和一个目标值(target)。每一个特征就是一个属性,所以输出结果的 Attribute Information 栏,就是按照顺序列出每个属性的名称和具体意义。其中,RM 列是每套住宅的平均房间数,考虑到画图效果,这里对该数据集做一个简化,程序 1.7 取 RM 这一列的前 50 行,以及前 50 个目标,这样数据集可以在如图 1.21 的二维平面上,直观地显示出来。

```
1   #程序 1.7  图形显示目标和特征之间的关系
2   from sklearn import datasets
3   import matplotlib as mpl                          #导入画图相关的模块
4   import matplotlib.pyplot as plt
5   fangjia = datasets.load_boston()
6   #平均房间数对应数据集列中索引为 5
7   x,y = fangjia.data[0:50,5], fangjia.target[0:50]
8   plt.scatter(x,y)
9   mpl.rcParams['font.sans - serif'] = ['SimHei']  #让图形中的中文字符正确显示
10  plt.xlabel('平均房间数')
11  plt.ylabel('房价')
12  plt.show()
```

程序 1.7 第 3 行是导入用于绘图的 matplotlib 包并重命名为 mpl;第 4 行是导入

matplotlib 包中的 pyplot 模块并重命名为 plt；在接下来的程序中就用这个别名代替 pyplot 模块；第 7 行是取房价数据的前 50 行第 6 列(索引为 5)数据和目标的前 50 个数据，目标本身就是一个向量所以只有一个下标；第 8 行是调用 plt 模块的绘制散点图的函数画散点图，函数的参数分别是横坐标和纵坐标构成的向量；第 9 行是为第 10 行和第 11 行显示的坐标轴的中文标记设定字体，以便正确显示，不会出现乱码；第 12 行是调用 plt 模块的函数显示图形。

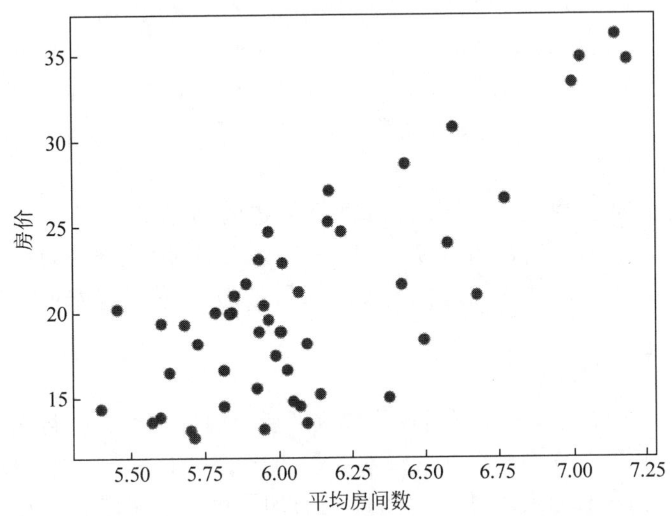

图 1.21　波士顿房价数据集部分数据的房价和平均房间数的关系

1.7.2　数据预处理与训练

一般而言，数据都包含多个特征，每个特征有不同的量纲，这就会导致有的特征数值较大，有的特征数值较小。为了让每个特征对训练模型的贡献值一致，在训练数据之前都会对数据进行预处理。这里按照公式(1.1)对数据进行标准化处理：

$$X = \frac{X - \mathrm{mean}(X)}{\mathrm{std}(X)} \tag{1.1}$$

其中，mean(X)为 X 也就是平均房间数的均值，std(X)为 X 的标准差。

根据公式(1.1)可以写出程序 1.8。其中，第 3 行是导入数值计算包 NumPy 并重命名为 np；第 6 行是对数据依公式(1.1)进行中心化和标准化预处理。由于 NumPy 模块的数组 array 结构提供了矩阵和向量，因此，在程序中可以直接按照公式编写程序，而不需要写成循环的形式依次对其中的元素分别进行计算。

```
1   #程序 1.8  数据预处理
2   from sklearn import datasets
3   import numpy as np
4   data = datasets.load_boston()
5   x,y = data.data[0:50,5],data.target[0:50]
6   x = (x - np.mean(x))/np.std(x)                    #数据预处理,中心化、标准化
```

数据预处理之后，选择一个机器学习模型对数据进行训练，估计模型参数。本例假设房

价与平均房间数之间是多项式线性关系。当最高项的次数为 1 时,模型是一个完全的线性关系;当最高项次数大于 1 时,模型关于特征是一个非线性模型。但是关于参数仍然是一个线性模型,因为这里的 x 并不是未知数,而是训练样本中的特征,参数 θ 才是要求的变量。选择线性回归这种简单的机器学习方法来预测房价,其模型表达式为:

$$h_\theta(x)=\theta_0+\theta_1 x+\theta_2 x^2+\cdots+\theta_n x^n \tag{1.2}$$

$$J(\theta)=\frac{1}{2}\sum_{i=1}^{m}(y^{(i)}-h_\theta(x^{(n)}))^2 \tag{1.3}$$

其中,θ、n 是模型的参数,θ 是多项式 h 的各项系数,n 是多项式的最高次数。$J(\theta)$是模型的损失函数,这里用常见的误差平方和,即所谓的欧氏距离作为损失的度量。有了训练数据和模型,就可以编写程序求解模型参数。程序 1.9 利用 numpy 包里的函数 polyfit()和函数 polyval()帮助求解。

polyfit(x, y, deg)函数会根据训练数据和指定的多项式次数计算公式(1.2)和公式(1.3)返回损失函数最小时的参数 θ。polyfit()就是执行的机器学习的训练过程。

polyval(θ,x)函数根据训练得到的 θ,预测新的 x 的值,也就是新的房价。

1.7.3 性能评估

模型的参数计算好之后,如何评判各种参数下模型的好坏?损失函数是用来衡量模型好坏的一个指标。程序 1.9 中多项式的最高次数选择了 1、4、7 三个次数的多项式模型,哪一种参数的模型预测房价的效果最好?第 15 行打印了每一种模型的损失函数值。

```
1  #程序 1.9  机器学习方法预测房价一般过程
2  from sklearn import datasets
3  import matplotlib as mpl
4  import matplotlib.pyplot as plt
5  import numpy as np
6  boston = datasets.load_boston()                       #第一步数据获取
7  x0 = np.linspace(-2,3,101)                            #待预测的 x
8  x,y = boston.data[0:50,5],boston.target[0:50]         #平均房间数对应数据集列中索引为 5
9  x = (x - np.mean(x))/np.std(x)                        #第二步数据预处理
10 deg = [1,4,7]                                         #多项式的次数
11 for d in deg:
12     theta = np.polyfit(x,y,d)                         #第三步训练
13     h = np.polyval(theta,x)
14     J = 0.5 * ((h - y) ** 2).sum()
15     print(d,'次多项式拟合的损失:',J)                   #性能评估
16     h1 = np.polyval(theta,x0)                         #第四步预测
17     plt.plot(x0,h1 ,label = 'degree = {}'.format(d))
18 plt.scatter(x,y)
19 mpl.rcParams['font.sans-serif'] = 'simhei'
20 mpl.rcParams['axes.unicode_minus'] = False
21 plt.xlabel('平均房间数')
22 plt.ylabel('房价')
23 plt.legend()
24 plt.show()
```

输出结果：

```
1 次多项式拟合的损失：368.15837653303294
4 次多项式拟合的损失：320.97569803830197
7 次多项式拟合的损失：314.2194473366644
```

从输出的结果看，当 $n=1$、4、7 时，损失函数的值分别是 368、320、314。结果显示，在 $n=7$ 时模型的性能要优于 $n=4$，而 $n=1$ 时模型的性能最差。从图 1.22 看，似乎直接选择 $n=1$ 作为模型的参数才是最好的。这种矛盾的来源主要是机器学习中的过拟合现象，所谓过拟合就是过分强调经验风险，也过分降低损失函数的值而降低了泛化（预测）性能。这里不做过多展开，只论及 Python 程序的有关内容。

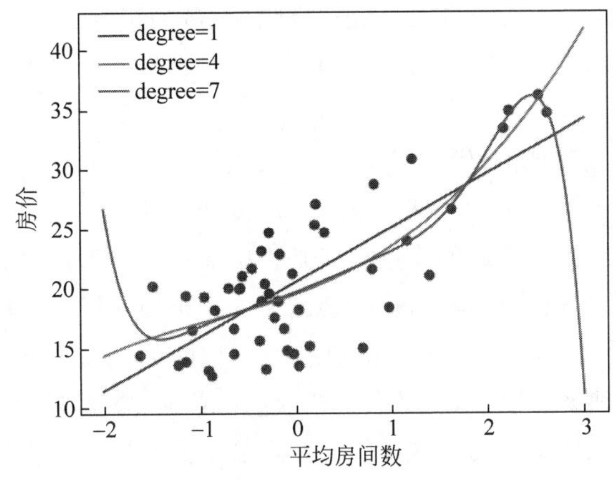

图 1.22　线性回归的可视化

程序 1.9 是利用机器学习方法预测房价的一般过程。其中，第 7 行是调用 np 模块中的函数生成区间[−2,3]中平均分布的 101 个点作为测试值，由于返回值中包括了 3 这个端点，所以选 101 作为参数，这样返回值的区间大小就为 0.05；第 10 行是选择了三个值作为多项式的最高次数；第 11 行～第 17 行是一个循环，每次循环根据给出的多项式最高次数去训练多项式模型、预测、评估性能和绘图；第 12 行是调用 np 模块的方法训练；第 13 行是预测训练样本；第 14 行是根据训练样本的预测值和真实值做性能评估；第 16 行是预测生成的样本值；第 17 行是根据生成样本作为横坐标，预测值作为纵坐标绘制曲线图；第 20 行是为了让坐标轴负数刻度正确显示；第 23 行是在图形上显示图标。这里只对代码做部分解释，在前面的代码中解释过的不再重复。

至此，就可以说利用 Python 语言解决了房价与平均房间数之间的关系的预测。有了新的平均房间数的数据，利用学习得到的多项式模型就可以预测房价。这里重在演示 Python 语言开发机器学习程序的步骤，没有强调模型的准确性。如果要进一步探究房价和所有特征之间的关系，就需要扩展特征的个数，将所有特征参与训练，并且将所有的样本划分为训练集和测试集，甚至还要一个开发集。开发集用于确定一些超参数的值，如程序 1.9 中多项式线性模型的最高次数就是一个超参数，可以根据模型在开发集上的性能来选择一个合适的超参数。测试集用于确定模型参数。这样学习得到的房价与所有特征之间的关系才有一定的实际意义。

总结一下机器学习的一般过程：

(1) 收集整理数据。从实际问题出发整理每个样本的特征值（feature）和目标值（target）；将所有的样本特征整理成设计矩阵，每一行一个样本。

(2) 数据预处理。对样本数据进行必要的清洗，删除无效样本；对样本数据做中心化、标准化处理。

(3) 训练。在假设样本数据特征值和目标值之间的关系基础上，选定训练模型，确定损失函数，计算在损失函数最小的情况的最优参数。

(4) 预测与性能评估。对于给定的新样本，能够利用上述模型参数预测对应的目标值；并且根据测试样本的预测值与真值的比较，评价模型的准确性。

在机器学习的每一个步骤中，Python 语言都有大量的标准库或者扩展库提供支持，让机器学习的开发变得简单。对于实际问题而言，更多的时间是用在数据的收集整理和预处理上。

程序 1.9 是案例实现的所有代码，只有 25 行。读者可以在 PyCharm 环境中输入代码自己实现一遍，细心体会每一步的原理。学习程序设计最好是自己输入代码，避免直接复制代码然后运行，直接复制代码所起的作用仅仅是简单地验证一下结果，这种学习程序设计的方式收效甚微。在输入代码的过程中，往往会出现各种错误，自己根据错误提示进行调试的过程就是不断纠错提升的过程。遇到不认识或者不理解的函数时可以随时按下键盘上的 Ctrl 键，再把光标移动到该函数上，该函数就变成超链接形式，然后单击链接就能查看该函数的帮助文档。其中，包括函数功能的说明以及函数参数的说明，甚至还可能有该函数的案例程序。

1.8 实　　验

1. 实验目的

(1) 掌握 Python 运行环境安装。

(2) 掌握 PyCharm 开发环境安装。

(3) 掌握 PyCharm 中编译器的配置。

(4) 掌握在 PyCharm 中开发 Python 脚本的步骤。

2. 实验内容

(1) 利用 Anaconda 方式在自己的机器上安装 Python 编译器。

(2) 下载并安装 PyCharm 开发环境。

(3) 在 PyCharm 中配置自己机器上的 Python 编译器。

(4) 通过在 PyCharm 的 File 菜单中选择 New Project 子菜单来新建一个工程 Project。

(5) 在新建的工程中新建一个 Python 文件，写入一条 Python 语句实现向控制台输出字符串 Hello Python!

(6) 根据每一步的结果写出实验报告。

本章小结

本章主要从语言的角度介绍 Python 程序设计语言，介绍程序设计语言的发展以及 Python 语言在人工智能开发方面的优势。最后，给出了 Python 语言程序的执行环境和开发环境的安装，以及利用 PyCharm 集成环境配置 Python 解释器的路径并创建一个简单的 Python 项目。

习　　题

一、选择题

1. 下面不属于 Python 特性的是(　　)。

   A. 简单易学　　B. 开源免费　　C. 低级语言　　D. 高可移植性

2. Python 脚本文件的扩展名为(　　)。

   A. .python　　B. .py　　C. .pt　　D. .pg

3. 编译器和解释器的区别是(　　)。

   A. 编译器是一个程序

   B. 编译器用于将高级语言翻译成机器语言

   C. 在程序解释完成后，便不再需要解释器

   D. 编译器处理源代码

二、填空题

1. ________是 Python 的注释符。
2. Python 自带脚本的文本编辑器是____________。
3. 下列字符串的运行结果是____________。

```
>>>"12" + "34"
```

三、简答题

1. Python 有哪些优点和缺点？
2. 编译型语言和解释型语言有哪些区别？
3. Python 语言在人工智能开发方面有哪些优势？
4. Python 语言属于第几代语言？
5. 机器学习问题的一般步骤是什么？
6. 机器学习与人工智能有哪些区别和联系？

第2章 基础语法

学习Python语言也是从语言的要素出发，首先学习语言的词汇和语法。在Python语言中，基础语法规定了一些基本数据类型、保留字、标识符、内置函数，以及程序编写的规范，本章主要介绍这些基础语法。

2.1 常用内置对象

对象是Python语言中最基本的概念，在Python中处理的一切都是对象。除了数字、字符串、列表、元组、字典、集合外，还有zip、map、enumerate、filter等对象，函数和类也是对象。常用的Python内置对象如表2.1所示。

表2.1 常用的Python内置对象

对象类型	类型名称	示　例	描　述
数字	int float complex	1234 3.14,1.3e5 3+4j	数字大小没有限制，内置支持复数及其运算
字符串	str	'swfu', "I'm student", '''Python ''', r'abc', R'bcd'	使用单引号、双引号、三引号作为定界符，以字母r或R引导的表示原始字符串
字节串	bytes	b'hello world'	以字母b引导，可以使用单引号、双引号、三引号作为定界符
列表	list	[1, 2, 3] ['a', 'b', ['c', 2]]	所有元素放在一对方括号中，元素之间使用逗号分隔，其中的元素可以是任意类型
字典	dict	{1:'food' ,2:'taste', 3: 'import'}	所有元素放在一对花括号中，元素之间使用逗号分隔，元素形式为“键:值”
元组	tuple	(2, -5, 6) (3,)	不可变，所有元素放在一对圆括号中，元素之间使用逗号分隔。如果元组中只有一个元素，后面的逗号不能省略
集合	set frozenset	{'a', 'b', 'c'}	所有元素放在一对花括号中，元素之间使用逗号分隔，元素不允许重复；另外，set是可变的，而frozenset是不可变的

续表

对象类型	类型名称	示　　例	描　　述
布尔型	bool	True，False	逻辑值，关系运算符、成员测试运算符、同一性测试运算符组成的表达式的值一般为 True 或 False
空类型	NoneType	None	空值
异常	Exception ValueError TypeError		Python 内置大量异常类，分别对应不同类型的异常
文件		f=open('data.dat', 'rb')	open 是 Python 内置函数，使用指定的模式打开文件，返回文件对象
其他可迭代对象		生成器对象、range 对象、zip 对象、enumerate 对象、map 对象、filter 对象等	具有惰性求值的特点，除 range 对象之外，其他对象中的元素只能看一次
编程单元		函数（使用 def 定义） 类（使用 class 定义） 模块（类型为 module）	类和函数都属于可调用对象，模块用来集中存放函数、类、常量或其他对象

内置对象可直接使用，非内置对象需要导入模块才能使用，如正弦函数 sin()，随机数产生函数 random()等。

2.1.1 基本数据类型

在 Python 语言中，能够直接处理的数据类型如下。

1. 整数

Python 可以处理任意大小的整数，包括负整数，在程序中的表示方法和数学上的写法一样，如 1，100，−8080，0 等。

由于计算机内部使用二进制，有时候用十六进制表示二进制整数，在阅读和书写上都比较方便。十六进制用 0x 前缀和 0～9、a～f 表示，如 0xff00，0xa5b4c3d2 等。

2. 浮点数

浮点数也就是小数，之所以称为浮点数，是因为按照科学记数法表示时，一个浮点数的小数点位置是可变的。例如，1.23×10^9 和 12.3×10^8 是完全相等的。浮点数可以用数学写法，如 1.23，3.14，−9.01 等。对于很大或很小的浮点数，就必须用科学记数法表示。例如，把 10 用 e 替代，1.23×10^9 就是 1.23e9 或者 12.3e8，0.000012 可以写成 1.2e-5 等。

整数和浮点数在计算机内部存储的方式不同：整数运算是精确的（除法也是精确的），而浮点数运算则可能会有四舍五入的误差。

3. 复数

Python 内置复数类型及其运算，并且形式与数学上的复数完全一致。程序 2.1 中第 5 行内置函数 abs()，可以计算绝对值也可以计算复数的模。

```
#程序 2.1  复数运算
x = 3 + 4j                          #使用j或J表示复数虚部
y = 5 + 6j
print('x+y=',x+y)                   #支持复数之间的加、减、乘、除以及幂乘等运算
print('abs(x)=', abs(x))            #内置函数abs()可用来计算复数的模
print('虚部为',x.imag)              #虚部
print('实部为',x.real)              #实部
```

输出结果：

```
x+y= (8+10j)
abs(x)= 5.0
虚部为 4.0
实部为 3.0
```

4. 布尔值

布尔值和布尔代数的表示完全一致，一个布尔值只有 True、False 两种值，要么是 True，要么是 False。在 Python 中，可以直接用 True、False 表示布尔值(请注意大小写)，也可以进行布尔运算：

```
#程序 2.2  布尔运算
print(3>5)
```

输出结果：

```
False
```

5. 空值

空值是 Python 里一个特殊的值，用 None 表示。None 不能理解为 0，因为 0 是有意义的，而 None 是一个特殊的空值。

2.1.2 变量

变量的概念基本上和初中代数的方程变量是一致的，只是在计算机程序中，变量不仅可以是数字，还可以是任意数据类型，变量在程序中就是用一个标识符表示了。

在 Python 里，标识符用来表示一个常量或者变量，标识符由字母、数字、下画线组成，所有标识符可以包括英文、数字以及下画线(_)，但不能以数字开头。Python 中的标识符是区分大小写的。

以下画线开头的标识符是有特殊意义的，以单下画线开头的_foo 代表不能直接访问的类属性，需要通过类提供的接口进行访问，不能用 from xxx import * 导入。

以双下画线开头的__foo 代表类的私有成员，以双下画线开头和结尾的__foo__代表 Python 里特殊方法专用的标识，如__init__()代表类的构造函数。

在 Python 中，不需要事先声明变量的类型，直接赋值即可创建任意类型的变量，甚至对象。不仅变量的值可以变化，变量的类型也是随时可以发生改变的。程序 2.3 中第 4 行变量 a 从原来的整数型变成布尔型也是合法的。

```
#程序 2.3  变量的用法
a = 3          #a 是一个整数
print(a)
a = True       #a 变成一个布尔值
print(a)
```

输出结果:

```
3
True
```

变量本身类型不固定的语言称为动态语言,在第 1 章介绍 Python 语言的时候就提到了 Python 语言是动态数据类型的语言,这里就体现了动态性。与之对应的是静态语言,静态语言在定义变量时必须指定变量类型,如果赋值的时候类型不匹配,就会报错。例如 Java 是静态语言,赋值语句如程序 2.4(//表示 Java 语言的注释),将字符串赋给一个整型变量会抛出异常。

```
#程序 2.4  Java 语言的变量用法
int a = 123;          // a 是整数类型变量
a = "ABC";            // 错误:不能把字符串赋给整型变量
```

所谓静态语言,是在编译时就分配变量的存储空间,确定变量的地址,这里的存储是指内存中的空间,编译器需要事先知道变量的类型来确定分配给变量的空间大小。例如,整型变量就分配 4 字节的内存空间。动态语言则在程序运行时分配变量的空间,和静态语言相比,动态语言更灵活。

还有一点比较重要的就是 Python 语言的变量内存模型,该模型与 C 语言和 C++ 语言的引用的变量的内存模型不同,可以认为 Python 语言的变量实际所保存的是变量值的地址。程序 2.5 中,第 4 行、第 5 行、第 7 行是利用内置函数输出变量的内存地址。

```
1  #程序 2.5  变量的内存模型
2  a = 100.0
3  b = 100.0
4  print('变量 a 指向值的地址:',id(a))          #打印变量 a 所指向的值的地址
5  print('变量 b 指向值的地址:',id(b))          #打印变量 b 和 a 指向同一内存
6  b = 1000
7  print('变量 b 指向值的地址:'id(b))
```

输出结果:

```
变量 a 指向值的地址: 2505501549104
变量 b 指向值的地址: 2505501549104
变量 b 指向值的地址: 2078428808400
```

Python 为 100.0 分配了内存,其地址为 2505501549104。如图 2.1 所示,变量 a 和变量 b 指向同一内存,所以利用 id()函数输出的地址都是 2505501549104;当 b 被重新赋值,这时 b 所指向的内存地址就发生了改变,变成了 2078428808400。注意,这里的地址是实时变化的,读者运行程序输出的地址可能会发生变化。

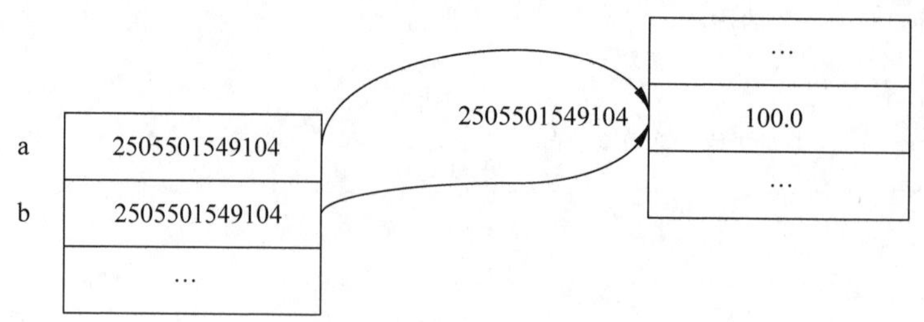

图 2.1　Python 语言的变量内存模型

2.1.3　常量

所谓常量就是不能变的变量，例如常用的数学常数就是一个常量。在 Python 语言中，通常用全部大写的变量名表示常量，如 PI＝3.14159265359，但事实上 PI 仍然是一个变量，Python 根本没有任何机制保证 PI 不会被改变。所以，用全部大写的变量名表示常量只是习惯上的用法，如果一定要改变常量 PI 的值，也是可以的。

2.1.4　字符串

1. 字符串概念及索引

在 Python 语言中，没有字符常量和变量的概念，只有字符串类型的常量和变量，单个字符也是字符串。字符串是以单引号'或双引号"括起来的任意文本，例如'abc'，"xyz"等。请注意，'或""只是一种表示方式，不是字符串的一部分。因此，字符串'abc'只有 a，b，c 这 3 个字符。如果'本身也是一个字符，那就可以用""括起来，例如"I'm OK"包含的字符是 I、'、m、空格、O、K 这 6 个字符。

如果字符串内部既包含'又包含"怎么办？可以用转义字符“\\”来标识，所谓转义就是改变、转换了原来符号的意义。程序 2.6 演示了转义字符的用法。其中，第 2 行单引号在 Python 语言中本来的意思是引用一个字符串，但是这里利用转义符，转义符后面的单引号就是一个普通的字符，不再作为引用字符串用，同理双引号类似；第 3 行字符 n 加上转义符之后也不是本来的意义的字符，而是换行。

```
1  #程序 2.6　转义字符的用法
2  print('I\'m \"OK\"!')
3  print('I\'m learning\nPython.')
4  print(r'\\\t\\')
```

输出结果：

```
I'm "OK"!
I'm learning
Python.
\\\t\\
```

转义字符“\”可以转义很多字符，常用转义字符及含义如表 2.2 所示。

表 2.2　常用转义字符及含义

转义字符	含　　义	转义字符	含　　义
\b	退格,把光标移动到前一列位置	\\	一个斜线\
\f	换页符	\'	单引号'
\n	换行符	\"	双引号"
\r	回车	\ooo	3 位八进制数对应的字符
\t	水平制表符	\xhh	2 位十六进制数对应的字符
\v	垂直制表符	\uhhhh	4 位十六进制数表示的 Unicode 字符

如果字符串中有很多字符需要转义,就需要加很多\。为了简化程序,Python 允许用 r 作修饰,表示后面的字符串默认不转义,r 有 raw 原始的意思。程序 2.6 第 4 行就是字符串原样输出。

字符串是编程语言中表示文本的数据类型。Python 的字串有两种取值顺序:从左到右索引默认 0 开始,最大范围是字符串长度少 1;从右到左索引默认 −1 开始,最大范围是字符串开头。例如,字符串 I love Python 的正向索引和逆向索引如下。

字符串:	I		l	o	v	e		P	y	t	h	o	n
正向索引:	0	1	2	3	4	5	6	7	8	9	10	11	12
逆向索引:	−13	−12	−11	−10	−9	−8	−7	−6	−5	−4	−3	−2	−1

如果要实现从字符串中获取一段子字符串,可以使用[头下标:尾下标]截取相应的字符串,其中下标从 0 开始算起,可以是正数或负数,下标可以为空表示取到头或尾。[头下标:尾下标]获取的子字符串包含头下标的字符,但不包含尾下标的字符。程序 2.7 中,第 4 行利用下标取字符串中的第一个字符;第 5 行取索引在 2 到 5 之间不包括 5 的字符,也就是在位置 2、3、4 上的字符;第 6 行冒号表示到最后;第 7 行符号"*"不是数学意义上的乘法,而是重复两次的意思;第 8 行用符号"+"连接字符串。

```
1  #程序 2.7  字符串索引的
2  str = 'Hello World!'
3  print(str)                # 输出完整字符串
4  print(str[0])             # 输出字符串中的第 1 个字符
5  print(str[2:5])           # 输出字符串中第 3 个至第 6 个之间的字符串
6  print(str[2:])            # 输出从第 3 个字符开始的字符串
7  print(str * 2)            # 输出字符串两次
8  print(str + "TEST")       # 输出连接的字符串
```

结果输出:

```
Hello World!
H
llo
llo World!
Hello World! Hello World!
Hello World! TEST
```

2. 字符编码

与字符串有关的字符编码是计算机程序员或者初学者比较迷茫的问题，下面着重介绍有关字符编码的问题。

首先，需要清楚为什么需要编码？因为计算机只能处理数字，如果要处理文本，就必须先把字符转换为数字，而且是二进制形式的数字才能处理。

最早的计算机在设计时采用 8 比特(bit)作为 1 字节(byte)，所以，1 字节能表示的最大的整数是 255(二进制数 11111111 等于十进制数 255)。如果要表示更大的整数，就必须用更多的字节。例如，2 字节可以表示的最大整数是 65535，4 字节可以表示的最大整数是 4294967295。

例如，在图 2.2 中，计算机并不知道字符 A 的含义，只有人才能看出来图左侧是字符 A 的意思，对计算机来说字符 A 仅仅是图右侧的一串数字。

字符 A 在屏幕上显示的是一个大小为 16 像素×8 像素的数字图像，该图像是只有黑和白两种颜色的二值图像。图 2.2 左侧是屏幕上显示的字符 A 的栅格化，每个栅格是一个像素，这一个二值像素对应一个二进制位。这样，每一行的 8 个像素就对应一个字节。为了正确显示字符 A，就需要在内存中保存 16 字节的数字。字符集中每一个字符的图像，都对应内存中 16 字节的数字，这些数字的集合就是字符集。

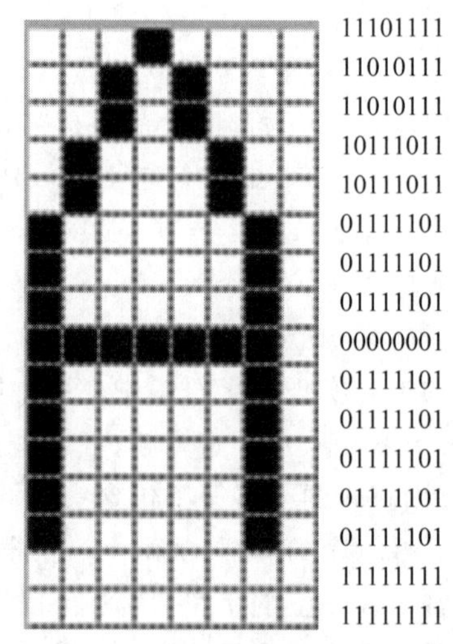

图 2.2　字符 A 的字形图像及像素表示

以上是字符到数字图像的映射。那么对于一篇文档的所有字符(一篇文档中有很多重复字符)，如果每个字符都用 16 字节保存，显然是多余的。如果把所有字符按照一定的顺序编排保存在内存的一个区域，这样每个字符都有一个内存中的(索引)序号，可以用这个索引来表示字符，而这个序号的大小只受字符集中字符的个数的影响，就不一定是 16 字节了。这个索引就是字符的编码，在字符数不多的 ASCII 码中这个索引只要用 1 字节就可以表示了。有了字符编码，文档中的所有字符只是保存对应的编码，这样一篇英文文档所占的空间就变成原来的 1/16 了。这就回答了为什么需要字符编码的问题，用字符的编码代替字符的数字图像保存文档可以节约空间。

ASCII 编码是美国的字符编码，只有 128 个字符被编码到计算机里，也就是大小写英文字母、数字和一些符号，例如大写字母 A 的编码是 65，这样字符 A 只要在字符集中保留一份数字图像 16 字节的数字，其他在使用的地方只需要直接使用其编码 65，就可以直接索引到这个图像，其他字符也是如此。

中文显然不能像 ASCII 编码那样只用 1 字节，由于汉字比较多，常用汉字的编码至少需要两字节，而且还不能和 ASCII 编码冲突。中国在 1980 年制定了 GB2312 编码，用来对汉字进行编码。GB2312 编码的全称是《信息交换用汉字编码字符集》，它是双字节编码，总共包含 682 个符号和包含 6763 个汉字。后来又有了 GBK 编码，全称是《汉字内码扩展规范》，是国家技术监督局为 Windows 95 所制定的新的汉字内码规范，它的出现是为了扩展

GB2312,加入了更多的汉字,它能表示 21003 个汉字,它的编码和 GB2312 是兼容的,也就是说用 GB2312 编码的汉字可以用 GBK 来解码,并且不会有乱码。

全世界有上百种语言,各国都有自己的编码标准,就不可避免地会出现冲突,结果就是,在多语言混合的文本中,显示出来会有乱码,这是其一;其二,既然每个国家都有自己国家的语言的字符编码,那如何进行信息交换呢?那就需要将这些编码统一起来。

这就是国际标准化组织(International Standardization Organization,ISO)提出的 Unicode(Universal Code 统一码)。ISO 试图创建一个全新的超语言字典,世界上所有的语言都可以通过这个字典相互翻译。其中,一个具体的定义 Unicode 字符在计算机中存取方案就是 UTF-16,它用 2 字节表示 Unicode 字符,这个是定长的表示方法,不论什么字符都可以用 2 字节表示,2 字节是 16bit,所以称 UTF-16。UTF-16 表示字符非常方便,但是也有其缺点,有很大一部分字符用 1 字节就可以表示的现在要 2 字节表示,存储空间增大了一倍。

为了进一步压缩存储空间,出现了 UTF-8 编码。UTF-8 编码把一个 Unicode 字符根据不同的数字大小编码成 1~6 字节。常用的英文字母被编码成 1 字节,汉字通常是 3 字节,只有很生僻的字符才会被编码成 4~6 字节。如果要传输的文本包含大量英文字符,用 UTF-8 编码就能节省空间。这也就是默认情况下,Python 3 源码文件以 UTF-8 编码的原因。

3. 字符串格式化

字符串的格式化经常在控制台输出时,用于将不同类型的数据以指定的格式输出。例如,将浮点数精确到指定的精度、保留固定的小数位等,然后以字符串的形式输出。常用的字符串格式化有两种形式,即使用“%”运算符和使用 format()方法。

1) 使用“%”运算符

使用“%”运算符进行字符串格式化的形式如图 2.3 所示。格式字符串以符号“%”开始,方括号内的表达式为可选项,可以根据需要指定。格式字符用于指定待转换的表达式的转换格式。格式字符串与待转换的表达式之间用“%”运算符连接。使用“%”运算符进行字符串格式化时,要求被格式化的内容和格式字符之间必须一一对应。表 2.3 列出了 Python 常用的格式字符。

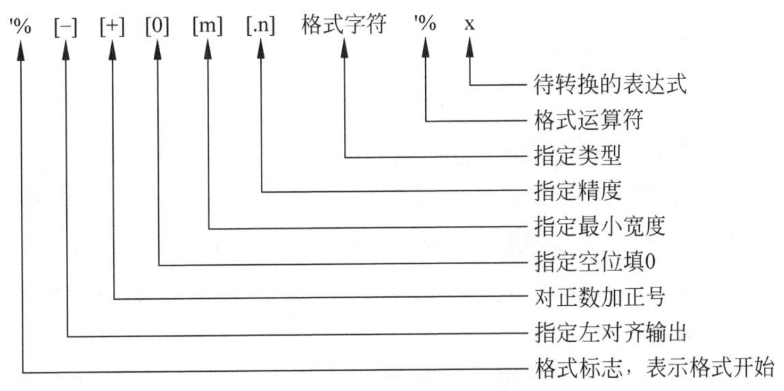

图 2.3 字符串格式化的形式

表 2.3　Python 常用的格式字符

格式字符	说　明	格式字符	说　明
%s	字符串(采用 str()的显示)	%e	指数(基底写为 e)
%r	字符串(采用 repr()的显示)	%E	指数(基底写为 E)
%c	单个字符	%f、%F	浮点数
%d	十进制整数	%g	指数(e)或浮点数(根据显示长度)
%i	十进制整数	%G	指数(E)或浮点数(根据显示长度)
%o	八进制整数	%%	一个字符"%"
%x	十六进制整数		

程序 2.8 是利用"%"运算符方式进行字符串格式化。其中,第 2 行是将浮点数以左对齐、加正号、保留两位小数输出；第 5 行将整数 65 分别以十进制整数、ASCII 码、十六进制整数、浮点数输出。

```
1   #程序 2.8   %运算符方式进行字符串格式化
2   print('%-+.2f'%3.14159)
3   print('%e'%31.4159)
4   print('%s'%3.14159)
5   print('%d,%c,%x,%f'%(65,65,65,65))
```

输出结果：

```
+3.14
3.141590e+01
3.14159
65,A,41,65.000000
```

2) 使用 format()函数

还有一种格式化字符串的方式是使用 format()函数进行格式化。这种方式非常灵活,不仅可以使用位置进行格式化,还支持使用关键参数进行格式化,而且支持序列解包格式化。其形式如图 2.4 所示。

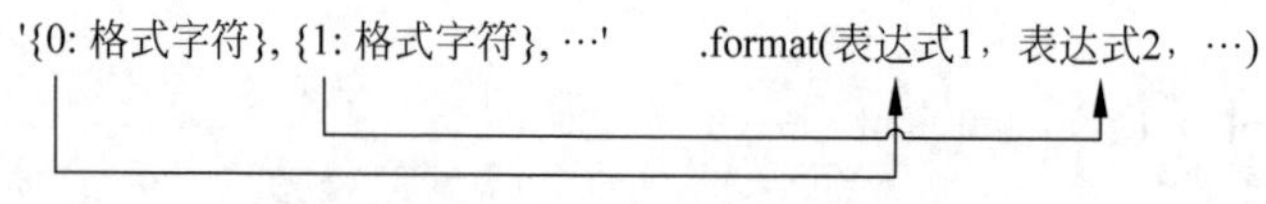
'{0: 格式字符}, {1: 格式字符}, …'
.format(表达式1，表达式2，…)

图 2.4　format()函数格式化字符串

使用 format()函数格式化字符串,也可以同时将多个表达式进行格式化。在格式化字符串时用一对花括号表示对某一个表达式进行格式化。之所以利用花括号,是由于内部的表达式类似字典中的关键字和值的形式。此处的关键字是位置索引,值是格式字符表示将 format()函数的参数在该位置的表达式,格式化为指定的格式。常用的格式字符如表 2.4 所示。

程序 2.9 是利用 format()函数格式化字符串。其中,第 4 行是分别对两个表达式进行格式化,第一个表达式仅仅做了分隔显示,第二个表达式转换位十六进制并分隔显示；第 5 行对同一个表达式做了和第 4 行一样的格式化,都是通过位置来索引指定的表达式。

表 2.4　format()函数常用的格式字符

格式字符	说　　明	格式字符	说　　明
b	二进制	e/E	科学记数格式
c	整数转换成 Unicode 字符	o	八进制整数
x	小写十六进制整数	f/F	固定长度的浮点数
d	十进制整数	%	固定长度浮点数显示百分数
X	大写十六进制整数	_	下画线作为分隔符提高可读性

```
#程序 2.9　利用 format()函数进行字符串格式化
print('{0:.3f}'.format(1/3))                    #保留 3 位小数
print('{0:%}'.format(3.5))                      #格式化为百分数
print('{0:_},{1:_x}'.format(1000000,98798))     #十进制每 3 位分隔,十六进制每 4 位分隔
print('{0:_},{0:_x}'.format(10000000))
```

输出结果：

```
0.333
350.000000%
1_000_000,1_81ee
10_000_000,98_9680
```

4. 字符串常用操作

Python 字符串对象提供了大量方法用于字符串的切分、连接、替换和排版等操作。另外,还有大量内置函数和运算符也支持对字符串的操作。需要注意的是,字符串对象是不可变的,所以字符串对象提供的涉及字符串"修改"的方法都是返回修改后的新字符串,并不对原始字符串做任何修改。

1) find()、rfind()、index()、rindex()、count()

find()方法和 rfind()方法分别用来查找一个字符串在另一个字符串指定范围(默认是整个字符串)中首次和最后一次出现的位置,如果不存在则返回-1；index()方法和 rindex()方法用来返回一个字符串在另一个字符串指定范围中首次和最后一次出现的位置,如果不存在则抛出异常；count()方法用来返回一个字符串在当前字符串中出现的次数,具体可参见程序 2.10。

```
#程序 2.10　字符串操作 1
s = "machine learning is a kind of artificial intelligence"
print(s.find("learning"))
print(s.find("learning",7))
print(s.find("learning",9,20))
print(s.index("learning"))           #返回子串的索引
print(s.count('l'))                  #字符 l 出现的次数
```

输出结果：

```
8
8
-1
```

```
8
4
```

程序 2.10 中,第 4 行是从字符串 s 指定的索引 7 往后搜索子串 learning,结果返回 8;

第 5 行则从索引 9 处搜索,返回-1,这是相对于索引 9 的前一个位置。

2) split()、rsplit()、partition()、rpartition()

split()方法和 rsplit()方法分别用来以指定字符为分隔符,把当前字符串从左往右或从右往左分隔成多个字符串,并返回包含分隔结果的列表,如果不指定分隔符,则字符串中任何空白符号包括空格、换行符、制表符等的连续出现都将被认为是分隔符;字符串对象的 partition()和 rpartition()用来以指定字符串为分隔符,将原字符串分隔为 3 部分,即分隔符前的字符串、分隔符字符串、分隔符后的字符串,如果指定的分隔符不在原字符串中,则返回原字符串和两个空字符串。如果字符串中有多个分隔符,partition()把从左到右遇到的第一个分隔符作为分隔符,rpartition()把从右到左遇到的第一个分隔符作为分隔符。这几个字符串操作方法参见程序 2.11。

```
1  #程序 2.11  字符串操作 2
2  s = "machine learning\nis a kind of artificial intelligence"
3  print(s.split())
4  print(s.split('\n'))
5  print(s.partition(' '))
6  print(s.rpartition(' '))
```

输出结果:

```
['machine', 'learning', 'is', 'a', 'kind', 'of', 'artificial', 'intelligence']
['machine learning', 'is a kind of artificial intelligence']
('machine', ' ', 'learning\nis a kind of artificial intelligence')
('machine learning\nis a kind of artificial', ' ', 'intelligence')
```

程序 2.11 中,第 3 行没有对 split()函数指定参数,默认以所有空白符号作为分隔符,所以空格和转义字符\n 都作为分隔符;第 5 行是将字符串从左到右遇到的第一个空格作为分隔符,将字符串分为 3 部分;第 6 行是将字符串从右向左遇到的第一个空格,也就是将字符串 intelligence 前面的空格作为分隔符,分为 3 部分。

3) join()

字符串对象的 join()方法的功能和 split()方法相反。jojn()方法用来将列表中多个字符串进行连接,并且在相邻两个字符串之间插入指定字符,返回新字符串,参见程序 2.12。

```
#程序 2.12  字符串操作 3
words = ['machine', 'learning', 'is', 'a', 'kind', 'of', 'artificial', 'intelligence']
sentence = ' '.join(words)
print(sentence)
mimazi = ['AAA','CAG','ATG','CCC','TTA','CCA']
jianji = ''.join(mimazi)
print(jianji)
```

输出结果：

```
machine learning is a kind of artificial intelligence
AAACAGATGCCCTTACCA
```

4）lower()、upper()、capitalize()、title()、swapcase()

这 5 个方法分别用来将字符串转换为小写、大写、字符串首字母变为大写、每个单词的首字母变为大写以及大小写互换，生成新字符串，不对原字符串做任何修改，参见程序 2.13。

```
#程序 2.13  字符串操作 4
s = 'machine learning is a kind of artificial intelligence'
print(s.lower())
print(s.upper())
print(s.capitalize())
print(s.title())
print(s.swapcase())
```

输出结果：

```
machine learning is a kind of artificial intelligence
MACHINE LEARNING IS A KIND OF ARTIFICIAL INTELLIGENCE
Machine learning is a kind of artificial intelligence
Machine Learning Is A Kind Of Artificial Intelligence
MACHINE LEARNING IS A KIND OF ARTIFICIAL INTELLIGENCE
```

5）replace()、maketrans()、translate()

字符串对象的 replace()方法用来替换字符串中指定字符或子字符串的所有重复出现，每次只能替换一个字符或一个字符串，把指定的字符串参数看作一个整体，类似于 Word、记事本等文本编辑器的“查找与替换”功能。该方法不修改原来的字符串，而是返回一个新的字符串。字符串对象的 maketrans()方法用来生成字符映射表，而 translate()方法用来根据映射表中定义的对应关系转换字符串并替换其中的字符，使用这两个方法的组合可以同时处理多个不同的字符，replace()方法则无法满足这一要求。这 3 个字符串对象方法的示例参见程序 2.14。

```
#程序 2.14  字符串操作 5
s = 'hello world'
print(s.replace('world','python'))
#创建映射表，将字符"abcdef123"一一对应地转换为"uvwxyz@#$"
table = ''.maketrans('abcdef123', 'uvwxyz@#$')
trains = s.translate(table)
print(trains)
```

输出结果：

```
hello python
hyllo worlx
```

程序 2.14 中，第 3 行将字符串中的子串“world”替换为字符串“python”；第 6 行将字符串翻译成一个新的字符串，这里的 translate()方法不是日常的中英文之间的翻译，而是依据 maketrans()方法生成的字符映射表翻译字符串，如果将字符映射表看作密码本，那这种翻译就可以看作是一种加密方式。

6）strip()、rstrip()、lstrip()

这 3 种方法分别用来删除字符串两端、字符串右端和字符串左端的空白字符或者指定字符，一般用来删除字符串两端的空格、行末的换行、回车等字符，示例参见程序 2.15。

```
#程序 2.15  字符串操作 6
s = " abc "
print(s.strip())                                    #删除空白字符
print('\n\nhello world     \n\n'.strip())           #删除空白字符
print("hhhhello world".strip("h"))                  #删除指定字符
print("hello world".strip("hd"))
print("hhhhello worldhhh".rstrip("h"))              #删除字符串右端指定字符
print("hhhhello worldhhh".lstrip("h"))              #删除字符串左端指定字符
```

输出结果：

```
abc
hello world
ello world
ello worl
hhhhello world
ello worldhhh
```

7）startswith()、endswith()

这两个方法分别用来判断字符串是否以指定的字符串开始、结束，可以接收两个整数参数来限定字符串的检测范围，示例参见程序 2.16。

```
#程序 2.16  字符串操作 7
s = 'hello world.'
print(s.startswith('he'))                  #检测整个字符串
print(s.startswith('he', 5))               #指定检测范围起始位置
print(s.startswith('he', 0, 5))
print(s.endswith('.'))
```

输出结果：

```
True
False
True
True
```

8）isalnum()、isalpha()、isdigit()、isspace()、isupper()、islower()

这 6 个方法分别用来测试字符串是否为数字或字母、是否为字母、是否为数字、是否为空白字符、是否为大写字母以及是否为小写字母。另外，还有两个方法 isdecimal()、 isnumeric()的功能和 isdigit()方法类似，分别测试字符是否为十进制数、是否为数值。这几种方法示例参见程序 2.17。

```
#程序 2.17  字符串操作 8
s = 'abcd1234'
print(s.isalnum())
s = '3.14159'
print(s.isdigit())
print(s.isdecimal())
print(s.isnumeric())
s = '314159'                    #少了一个小数点
print(s.isdigit())
print(s.isdecimal())
print(s.isnumeric())
```

输出结果：

```
True
False
False
False
True
True
True
```

9）center()、ljust()、rjust()、zfill()

这 4 个方法用于对字符串进行排版。其中，center()方法、ljust()方法、rjust()方法返回指定宽度的新字符串，分别实现原字符串居中、左对齐、右对齐出现在新字符串中，如果指定的宽度大于字符串的长度，则使用指定的字符(默认是空格)进行填充，示例参见程序 2.18。zfill()方法返回指定宽度的字符串，在左侧以字符 0 进行填充，方法名称中的字符 z 是单词 zero 缩写。

```
#程序 2.18  字符串操作 9
print('Hello world!'.center(20))            #居中对齐，以空格进行填充
print('Hello world!'.center(20, '='))       #居中对齐，以字符 = 进行填充
print('Hello world!'.ljust(20, '='))        #左对齐
print('Hello world!'.rjust(20, '='))        #右对齐
```

输出结果：

```
    Hello world!    
====Hello world!====
Hello world!========
========Hello world!
```

2.1.5 列表、元组、字典、集合

列表、元组、字典、集合是 Python 语言中常用的序列类型。关于它们的详细内容在第 3

章进行介绍，这里只是将其作为 Python 常用内置对象的一部分，以表格形式给出它们之间的区别，如表 2.5 所示。

表 2.5　列表、元组、字典、集合的对比

	列　表	元组	字　典	集合
类型名称	list	tuple	dict	set
定界符	方括号[]	圆括号()	花括号{}	花括号{}
是否可变	是	否	是	是
是否有序	是	是	否	否
是否支持下标	是	是	是(使用"键"作为下标)	否
元素分隔符	逗号	逗号	逗号	逗号
对元素形式的要求	无	无	键:值	必须可哈希
对元素值的要求	无	无	"键"必须可哈希	必须可哈希
元素是否可重复	是	是	"键"不允许重复,"值"可以重复	否
元素查找速度	非常慢	很慢	非常快	非常快
新增和删除元素速度	尾部操作快其他位置慢	不允许	快	快

表 2.5 中的哈希一词是英文 Hash 的音译，可哈希，即不可变的数据结构，如：字符串 str、元组 tuple、对象集 objects 等。集合中的元素必须可哈希就是说集合中的元素必须是字符串、元组等，而不能是可变的数据结构，如列表、字典、集合。如果将列表作为集合的元素编译器就会报告 unhashable type 的异常。所以集合的元素形式(类型)和值都必须是可哈希的。

2.2　运算符与表达式

Python 是面向对象的编程语言，在 Python 中一切都是对象。对象由数据和行为两部分组成，而行为主要通过方法来实现，通过一些特殊方法的重写，可以实现运算符重载。运算符也是表现对象行为的一种形式，不同类的对象支持的运算符有所不同，同一种运算符作用于不同的对象时也可能会表现出不同的行为，这正是"多态"的体现。

运算符优先级遵循的规则为：算术运算符优先级最高，其次是位运算符、成员测试运算符、关系运算符、逻辑运算符等；算术运算符遵循"先乘除，后加减"的基本运算原则。

虽然 Python 运算符有一套严格的优先级规则，但是强烈建议在编写复杂表达式时使用圆括号明确说明其中的逻辑以提高代码可读性。

在 Python 中，单个常量或变量可以看作最简单的表达式，使用除赋值运算符之外的其他任意运算符和函数调用连接的式子也属于表达式。Python 常用的运算符及其描述见表 2.6 所示。

表 2.6　Python 常用的运算符及其描述

运　算　符	描　　述
+	算术加法，列表、元组、字符串合并与连接，正号
-	算术减法，集合差集，相反数
*	算术乘法，序列重复
/	真除法

续表

运 算 符	描 述
//	求整商,如果操作数中有实数的话,结果为实数形式的整数
%	求余数,字符串格式化
**	幂运算
<、<=、>、>=、==、!=	(值)大小比较,集合的包含关系比较
or	逻辑或
and	逻辑与
not	逻辑非
in	成员测试
is	对象同一性测试,即测试是否为同一个对象或内存地址是否相同
|、^、&、<<、>>、~	位或、位异或、位与、左移位、右移位、位求反
&、|、^	集合交集、并集、对称差集
@	矩阵相乘运算符

2.2.1 算术运算符

(1)"+"运算符除了用于算术加法以外,还可以用于列表、元组、字符串的连接,但不支持不同类型的对象之间相加或连接,示例参见程序 2.19。

```
#程序 2.19  +运算符
print([1, 2, 3] + [4, 5, 6])                #连接两个列表
print((1, 2, 3) + (4,))                     #连接两个元组
print('abcd' + '1234')                      #连接两个字符串
print(True + 3)                             #Python 内部把 True 当作 1 处理
print(False + 3)                            #把 False 当作 0 处理
print('A' + 1)                              #不支持字符与数字相加,抛出异常
```

输出结果:

```
[1, 2, 3, 4, 5, 6]
(1, 2, 3, 4)
abcd1234
4
3
TypeError: can only concatenate str (not "int") to str
```

(2) * 运算符除了表示算术乘法,还可用于列表、元组、字符串这 3 个序列类型与整数的乘法,表示序列元素的重复,生成新的序列对象。字典和集合不支持与整数的相乘,因为其中的元素是不允许重复的。"*"运算符的操作示例,示例参见程序 2.20。

```
#程序 2.20  *运算符
print(True * 3)                             #算术乘法
print(False * 3)                            #算术乘法
print([1, 2, 3] * 3)                        #列表重复
print((1, 2, 3) * 3)                        #元组重复
print('abc' * 3)                            #字符串重复
```

输出结果：

```
3
0
[1, 2, 3, 1, 2, 3, 1, 2, 3]
(1, 2, 3, 1, 2, 3, 1, 2, 3)
abcabcabc
```

(3) 运算符"/"和"//"在 Python 中分别表示算术除法和算术求整商(floor division)，示例参见程序 2.21。

```
#程序 2.21  /和//运算符
print(3 / 2)                #数学意义上的除法
print(15 // 4)              #如果两个操作数都是整数,结果为整数
print(15.0 // 4)            #如果操作数中有实数,结果为实数形式的整数值
print(-15//4)               #向下取整
```

输出结果：

```
1.5
3
3.0
-4
```

(4) "%"运算符可以用于整数或实数的求余数运算，还可以用于字符串格式化，但是这种用法并不推荐，示例参见程序 2.22。

```
#程序 2.22  %运算符
print(789 % 23)                  #余数
print(123.45 % 3.2)              #可以对实数进行余数运算,注意精度问题
print('%c, %d' % (65, 65))       #把 65 分别格式化为字符和整数
print('%f,%s' % (65, 65))        #把 65 分别格式化为实数和字符串
```

输出结果：

```
7
1.849999999999996
A, 65
65.000000,65
```

(5) "**"运算符表示幂乘，示例参见程序 2.23。

```
#程序 2.23  **运算符
print(3 ** 2)               #3 的 2 次方,等价于 pow(3, 2)
print(9 ** 0.5)             #9 的 0.5 次方,平方根
print((-9) ** 0.5)          #可以计算负数的平方根
```

输出结果：

```
9
```

```
3.0
(1.8369701987210297e-16+3j)
```

2.2.2 关系运算符

Python 关系运算符最大的特点是可以连用，其含义与日常的理解完全一致。使用关系运算符的一个最重要的前提是，操作数之间必须可比较大小。例如，把一个字符串和一个数字进行大小比较是毫无意义的，所以 Python 也不支持这样的运算。关系运算符的示例参见程序 2.24。

```
1  #程序 2.24  关系运算符
2  print(1 < 3 < 5)                    #等价于 1 < 3 and 3 < 5
3  print(3 < 5 > 2)                    #等价于 3 < 5 and 5 > 2
4  print(1 > 6 < 8)                    #等价于 1 > 6 and 6 < 8
5  print(1 > 6 < math.sqrt(9))         #具有惰性求值
```

输出结果：

```
True
True
False
False
```

程序 2.24 第 5 行的 math()模块并不是内置对象，一般情况下需要导入才能运行。由于 1>6 的值已经决定了表达式的值为 False，后面就不需要求解，因此程序并没有报错，这种现象称为惰性求值。读者可以试着将表达式修改为 1<6<math.sqrt(9)，并查看结果。

关系运算符还可以用来比较字符串的大小、集合包含关系，但是一般只用“==”来判断是否相等，其他不推荐使用。

2.2.3 成员测试运算符 in 与同一性测试运算符 is

(1) 成员测试运算符 in 用于成员测试，即测试一个对象是否为另一个对象的元素，示例参见程序 2.25。

```
#程序 2.25  in运算符
print(3 in [1, 2, 3])                  #测试 3 是否存在于列表[1, 2, 3]中
print(5 in range(1, 10, 1))            #range()是用来生成指定范围数字的内置函数
print('abc' in 'abcdefg')              #子字符串测试
for i in (3, 5, 7):                    #循环，成员遍历
    print(i, end = '\t')
```

输出结果：

```
True
True
True
3	5	7
```

(2) 同一性测试运算符is用来测试两个对象是否是同一个，如果是则返回True，否则返回False，示例参见程序2.26。如果两个对象是同一个，两者具有相同的内存地址。

```
#程序2.26　is运算符
print(3 is 3)
x = [300, 300, 300]
print(x[0] is x[1])                    #基于值的内存管理，同一个值在内存中只有一份
x = [1, 2, 3]
y = [1, 2, 3]
print(x is y)                          #x和y不是同一个列表对象
print(x[0] is y[0])
```

输出结果：

```
True
True
False
True
```

2.2.4 位运算符与集合运算符

位运算符只能用于整数，其内部执行过程为：首先将整数转换为二进制数，然后右对齐，必要的时候左侧补0，按位进行运算，最后再把计算结果转换为十进制数字返回，示例参见程序2.27。

```
#程序2.27　位运算符
print(3 << 2)                #把3左移2位
print(3 & 7)                 #位与运算
print(3 | 8)                 #位或运算
print(3 ^ 5)                 #位异或运算
```

输出结果：

```
1
3
11
6
```

位与运算规则为1&1=1、1&0=0&1=0&0=0；位或运算规则为1|1=1|0=0|1=1、0|0=0；位异或运算规则为1^1=0^0=0、1^0=0^1=1。

左移位时右侧补0，每左移一位相当于乘以2；右移位时左侧补0，每右移一位相当于整除以2。

集合之间的运算有交、并、对称差、普通差四种常用的运算，其中前三种运算的运算符都是和位运算的与、或以及异或运算相同，即集合交、并和对称差运算分别使用符号“&”“|”“^”进行运算，而普通差运算则使用算术运算符号“-”来实现。

2.2.5 逻辑运算符

逻辑运算符and、or、not常用来连接条件表达式构成更加复杂的条件表达式，并且and

和 or 具有惰性求值的特点，当连接多个表达式时只计算必须要计算的值。例如，表达式 exp1 and exp2 等价于 exp1 if not exp1 else exp2，而表达式 exp1 or exp2 则等价于 exp1 if exp1 else exp2。

在编写复杂条件表达式时，充分利用逻辑运算符的这个特点，合理安排不同条件的先后顺序，在一定程度上可以提高代码运行速度。

另外要注意的是，运算符 and 和 or 并不一定会返回 True 或 False，而是得到最后一个被计算的表达式的值；但是运算符 not 一定会返回 True 或 False，示例参见程序 2.28。

```
1  #程序 2.28  逻辑运算符
2  print(3 > 5 and a > 3)          #注意，此时并没有定义变量 a
3  print(3 < 5 or a > 3)           #3 < 5 的值为 True，不需要计算后面表达式
4  print(3 > 5 or a > 3)           #3 > 5 的值为 False，所以需要计算后面表达式
```

输出结果：

```
False
True
NameError: name 'a' is not defined
```

程序 2.28 中，在没有定义变量 a 的情况下，第 2 行和第 3 行能够正常执行，是因为逻辑运算符前面的表达式就能够决定整个表达式的值了，符号后面的表达式就不需要执行了；第 4 行则不然。

2.2.6 矩阵乘法运算符“@”

由于 Python 没有内置的矩阵类型，所以该运算符常与扩展库 numpy 一起使用。另外，“@”符号还可以用来在面向对象程序设计中表示修饰器的用法，修饰方法的类型，示例参见程序 2.29。

```
#程序 2.29  矩阵乘法运算符@
import numpy                 #numpy 是用于科学计算的 Python 扩展库
x = numpy.ones(3)            #ones()函数用于生成全 1 矩阵，参数表示矩阵大小
m = numpy.eye(3) * 3         #eye()函数用于生成单位矩阵
m[0,2] = 5                   #设置矩阵指定位置上元素的值
m[2,0] = 3
print(x @ m)
```

输出结果：

```
[6. 3. 8.]
```

程序计算的下面的式子的值，就是数学意义的矩阵点乘。

$$
\begin{bmatrix} 1 & 1 & 1 \end{bmatrix} \cdot \begin{bmatrix} 3 & 0 & 5 \\ 0 & 3 & 0 \\ 3 & 0 & 3 \end{bmatrix} = \begin{bmatrix} 6 & 3 & 8 \end{bmatrix}
$$

除了以上 Python 支持的一些运算符，还有赋值运算符“=”“+=”“-=”“*=”“/=”“//=”“**=”“|=”“^=”等大量复合赋值运算符。例如，x+=3 在语法上等价于 x=x+3。

另外，Python 不支持"＋＋"和"－－"运算符，虽然在形式上有时可以这样用，但实际上是另外的含义，要注意和其他语言的区别。在需要实现变量自增或者自减的情况下，可以利用符号运算符解决。例如，i＋＝1，i－＝1。

2.3 Python 关键字

关键字也称保留字，可以看成是语言的基本词汇。关键字只允许用来表达特定的语义，不允许通过任何方式改变它们的含义，也不能用来做变量名、函数名或类名等标识符。可以通过程序 2.30 显示 Python 语言的 35 个关键字，其描述如表 2.7 所示。

```
#程序 2.30  输出 Python 关键字
import keyword
print(keyword.kwlist)
```

输出结果：

```
['False', 'None', 'True', 'and', 'as', 'assert', 'async', 'await', 'break', 'class', 'continue', 'def',
'del', 'elif', 'else', 'except', 'finally', 'for', 'from', 'global', 'if', 'import', 'in', 'is', 'lambda',
'nonlocal', 'not', 'or', 'pass', 'raise', 'return', 'try', 'while', 'with', 'yield']
```

表 2.7　Python 关键字及其描述

关　键　字	描　　述
False	常量，逻辑假
None	常量，空值
True	常量，逻辑真
and	逻辑与运算符
as	在 import 或者 except 语句中给对象起别名
assert	断言，用来确认某个条件必须满足，可用来帮助调试程序
async	用来声明一个函数为异步函数
await	await 只能用在通过 async 修饰的函数中，用来声明程序挂起
break	用在循环中，提前结束 break 所在层次的循环
class	用来定义类
continue	用在循环中，提前结束本次循环
def	用来定义函数
del	用来删除对象或对象成员
elif	用在选择结构中，表示 else if 的意思
else	可以用在选择结构中、循环结构和异常处理结构中
except	用在异常处理结构中，用来捕获特定类型的异常
finally	用在异常处理结构中，表示不论是否发生异常都会执行的代码
for	构造 for 循环，用来迭代序列或可迭代对象中的所有元素
from	指定从哪个模块中导入什么对象；还可以与 yield 一起构成 yield 表达式
global	定义或声明全局变量
if	用在选择结构中
import	用来导入模块或模块中的对象
in	成员测试

续表

关键字	描述
is	同一性测试
lambda	用来定义 lambda 表达式，类似函数
nonlocal	用来声明 nonlocal 变量
not	逻辑非运算
or	逻辑或运算
pass	空语句，执行该语句什么都不做，常用作占位符
raise	用来显式抛出异常
return	在函数中用来返回值，如果没有指定返回值，表示返回空值 None
try	在异常处理结构中用来限定可能会引发异常的代码块
while	用来构造 while 循环结构，只要条件表达式等价于 True 就重复执行限定的代码块
with	上下文管理，具有自动管理资源的功能
yield	在生成器函数中用来返回值

2.4 Python 常用内置函数

内置函数(built-in function，BIF)是 Python 内置对象类型之一，不需要额外导入任何模块即可直接使用。这些内置对象都被封装在内置模块__builtins__中，用 C 语言实现并且进行了大量优化，具有非常快的运行速度，推荐优先使用。

2.4.1 类型转换

(1) 内置函数 bin()、oct()和 hex()分别用来将整数转换为二进制、八进制和十六进制数的形式。这 3 个函数都要求参数必须为整数，示例参见程序 2.31。

```
#程序 2.31  十进制转换其他进制
print(bin(255))                          #把数字转换为二进制串
print(oct(255))                          #转换为八进制串
print(hex(255))                          #转换为十六进制串
```

输出结果：

```
0b11111111
0o377
0xff
```

(2) 内置函数 int()用来将其他形式数字转换为整数，参数可以是整数、实数、分数或合法的数字字符串。float()用来将其他类型数据转换为实数，complex()可以用来生成复数。这 3 个函数示例参见程序 2.32。

```
#程序 2.32  数据类型转换
print(int('0x22b',16))                       #把十六进制数转换为十进制数
print(float(3))                              #把整数转换为实数
print(complex(3))                            #指定实部，转换为复数
```

输出结果：

```
555
3.0
(3 + 0j)
```

(3) 函数 ord()和 chr()是一对功能相反的函数。ord()用来返回单个字符的 Unicode 码，而 chr()则用来返回 Unicode 编码对应的字符，str()直接将任意类型的参数转换为字符串，示例参见程序 2.33。

```
#程序 2.33  字符编码
print(ord('a'))                    #查看指定字符的 Unicode 编码
print(chr(65))                     #返回数字 65 对应的字符
print(chr(ord('A') + 1))           #Python 不允许字符串和数字之间的加法操作
print(type(str(123)))              #将数字 123 转换成字符串
```

输出结果：

```
97
A
B
<class 'str'>
```

(4) 内置函数 list()、tuple()、set()、frozenset()分别用来把其他类型的数据转换为列表、元组、字典、可变集合和不可变集合，或者创建空列表、空元组、空字典、空集合，示例参见程序 2.34。

```
#程序 2.34  序列结构类型
print(list(range(5)))                    #把 range 对象转换为列表
print(tuple([1,2,3]))                    #把列表转换为元组
print(dict(zip('1234', 'abcde')))        #创建字典
print(set('1112234'))                    #创建可变集合，自动去除重复
print(frozenset('1112234'))              #创建不可变集合，自动去除重复
```

输出结果：

```
[0, 1, 2, 3, 4]
(1, 2, 3)
{'1': 'a', '2': 'b', '3': 'c', '4': 'd'}
{'3', '4', '1', '2'}
frozenset({'3', '4', '1', '2'})
```

(5) 内置函数 type()和 isinstance()可以用来判断数据类型，常用来对函数参数进行检查，可以避免错误的参数类型导致函数崩溃或返回意料之外的结果，示例参见程序 2.35。

```
#程序 2.35  判断数据类型
print(type([3]))                                  #查看[3]的类型
#判断{3}是否为 list,tuple,dict 或 set 的实例
print(type({3}) in (list, tuple, dict, set))
print(isinstance(3, int))                         #判断 3 是否为 int 类型的实例
#判断 3 是否为 int、float、complex 类型
print(isinstance(3j, (int, float, complex)))
```

输出结果：

```
<class 'list'>
True
True
True
```

2.4.2 数学函数

max()、min()和 sum()这 3 个内置函数分别用于计算列表、元组或其他包含有限个元素的可迭代对象中所有元素最大值、最小值以及所有元素之和。

sum()默认(可以通过 start 参数来改变)支持包含数值型元素的序列或可迭代对象，max()和 min()则要求序列或可迭代对象中的元素之间可比较大小。

abs()、pow()和 round()这 3 个函数分别用于算绝对值、任意幂次的幂运算和四舍五入到任意位小数。

这几种基本数学函数示例参见程序 2.36。

```
#程序 2.36  基本数学函数
import random
random.seed(100)
a = [random.randint(1,100) for i in range(6)]   #包含 6 个[1,100]之间随机数的列表
print(max(a), min(a), sum(a))                   #最大值、最小值、所有元素之和
print(round(sum(a) / len(a),3))                 #平均值
print(round(pow(a[0],0.5),3))                   #计算平方根
```

输出结果：

```
99 19 350
58.333
4.359
```

2.4.3 input()和 print()函数

input()和 print()函数是 Python 的基本输入输出函数，前者用来接收用户的键盘输入，后者用来把数据以指定的格式输出到标准控制台或指定的文件对象，示例参见程序 2.37 和程序 2.38。不论用户输入什么内容，input()函数一律作为字符串对待，必要时可以用内置函数 int()、float()、eval()对用户输入的内容进行类型转换。

```
#程序 2.37  input()函数
x = input('Please input: ')
print(type(x))                  #默认从键盘输入的都是字符串类型
```

输出结果：

```
Please input: 234
<class 'str'>
```

print()的语法格式为：

```
print(value1, value2, ..., sep = ' ', end = '\n', file = sys.stdout, flush = False)
```

sep 参数之前为需要输出的内容(可以有多个)。

sep 参数用于指定数据之间的分隔符,默认为空格。

end 参数用于指定输出完数据之后再输出什么字符。

file 参数用于指定输出位置,默认为标准控制台,也可以重定向输出到文件。

```
#程序 2.38  print()函数
print(1, 3, 5, 7, sep = '\t')              #修改默认分隔符
for i in range(10):                        #修改 end 参数,每个输出之后不换行
    print(i, end = ' ')
with open('test.txt', 'a + ') as fp:
    print('Hello world!', file = fp)       #重定向,将内容输出到同一文件夹的文件中
```

输出结果:

```
1	3	5	7
0 1 2 3 4 5 6 7 8 9
```

2.4.4 sorted()和 reversed()函数

sorted()函数用来对列表、元组、字典、集合或其他可迭代对象进行排序并返回新列表;reversed()函数用来对可迭代对象(生成器对象和具有惰性求值特性的 zip、map、filter、enumerate 等类似对象除外)进行翻转(首尾交换)并返回可迭代的 reversed 对象。这两个函数运用示例参见程序 2.39。

```
程序 2.39  sorted()和 reversed()函数
import random
x = list(range(11))
random.seed(100)
random.shuffle(x)                #打乱顺序
print(x)                         #输出原始序列
print(sorted(x))                 #以默认规则排序
print(list(reversed(x)))         #对 x 逆序操作,返回 reversed 对象,它是可迭代的
```

输出结果:

```
[1, 0, 4, 6, 8, 3, 5, 10, 9, 7, 2]
[0, 1, 2, 3, 4, 5, 6, 7, 8, 9, 10]
[2, 7, 9, 10, 5, 3, 8, 6, 4, 0, 1]
```

2.4.5 enumerate()函数

enumerate()函数用来枚举可迭代对象中的元素,返回可迭代的 enumerate 对象,其中每个元素都是包含索引和值的元组。enumerate()函数的运用示例参见程序 2.40。

```
#程序 2.40  enumerate()函数
print(list(enumerate('abc')))                          #枚举字符串中的元素
print(list(enumerate(['Python', 'Great'])))            #枚举列表中的元素
print(list(enumerate({'a':97, 'b':98, 'c':99}.items()))) #枚举字典中的元素
for index, value in enumerate(range(10, 14)):          #枚举 range 对象中元素
    print((index, value), end = ' ')
```

输出结果：

```
[(0, 'a'), (1, 'b'), (2, 'c')]
[(0, 'Python'), (1, 'Great')]
[(0, ('a', 97)), (1, ('b', 98)), (2, ('c', 99))]
(0, 10) (1, 11) (2, 12) (3, 13)
```

2.4.6 map()和 filter()函数

(1) 内置函数 map(func, seq)把一个函数 func()依次映射到序列或迭代器对象 seq 的每个元素上，并返回一个可迭代的 map 对象作为结果，map 对象中每个元素是原序列中元素经过函数 func()处理后的结果。map()函数的运用示例参见程序 2.41。

```
#程序 2.41  map()函数
print(list(map(str, range(5))))      #把列表中元素转换为字符串
def add5(a):                         #单参数函数
    return a + 5
print(list(map(add5, range(10))))    #把单参数函数映射到一个序列的所有元素
```

输出结果：

```
['0', '1', '2', '3', '4']
[5, 6, 7, 8, 9, 10, 11, 12, 13, 14]
```

在之前的版本中，reduce()也是内置函数，现在添加到标准库 functools 中。reduce(func, seq)的第 1 个参数 func 是一个可以接收两个参数的函数，将该函数以迭代累积的方式从左到右依次作用到一个序列或迭代器对象 seq 的所有元素上，并且允许指定一个初始值，示例参见程序 2.42。

```
#程序 2.42  reduce()函数
from functools import reduce
seq = list(range(1, 10))
print(reduce(lambda x, y: x + y, seq))
```

输出结果：

```
45
```

(2) 内置函数 filter(func, seq)将一个单参数函数 func 作用到一个序列 seq 上，返回该序列中使得该函数返回值为 True 的那些元素组成的 filter 对象。其运用示例参见程序 2.43，如果指定函数为 None，则返回序列中等价于 True 的元素。

```
#程序 2.43  filter()函数
a = range(10)
def func(x):                        #函数判断是否为偶数
    return x % 2 == 0
print(list(filter(func,a)))         #过滤奇数,保留偶数
```

输出结果:

```
[0, 2, 4, 6, 8]
```

2.4.7 range()、zip()和 eval()函数

(1) range()函数是 Python 开发中常用的一个内置函数,语法格式为 range([start,] end [, step]),有 range(stop)、range(start, stop)和 range(start, stop, step)三种用法。该函数返回具有惰性求值特点的 range 对象,其中包含左闭右开区间[start, end)内以 step 为步长的整数。其参数 start 默认为 0,step 默认为 1。range()函数的运用示例参见程序 2.44。

```
#程序 2.44  range()函数
a = range(10)                       #start 默认为 0,step 默认为 1
print(list(a))                      #range 对象转换成列表
print(list(range(1, 10, 2)))        #指定起始值和步长
print(list(range(9, 0, -2)))        #步长为负数时,start 应比 end 大
```

输出结果:

```
[0, 1, 2, 3, 4, 5, 6, 7, 8, 9]
[1, 3, 5, 7, 9]
[9, 7, 5, 3, 1]
```

(2) zip()函数用来把多个可迭代对象中的元素压缩到一起,返回一个可迭代的 zip 对象。其中,每个元素都是包含原来的多个可迭代对象对应位置上元素的元组。zip()函数的运用示例参见程序 2.45。

```
#程序 2.45  zip()函数
print(list(zip('abcd', [1, 2, 3])))           #压缩字符串和列表
print(list(zip('123', 'abc', ',.!')))         #压缩 3 个序列
```

输出结果:

```
[('a', 1), ('b', 2), ('c', 3)]
[('1', 'a', ','), ('2', 'b', '.'), ('3', 'c', '!')]
```

(3) 内置函数 eval()用来计算字符串的值,有些场合用来实现类型转换的功能。例如,在控制台输入的时候,将默认的字符串转换为数字。eval()函数的运用示例参见程序 2.46。

```
#程序 2.46  eval()函数
x = eval(input('请输入数字:'))
y = eval('10 + x')                  #字符串中的 x 是前面一行的变量
print(y)
```

输出结果：

```
请输入数字：10
20
```

需要指出的是，内置函数的数量众多且功能强大，很难一下子全部解释清楚，后面的章节将根据内容的组织需要逐步展开和演示更多函数和一些巧妙的用法。遇到不熟悉的函数可以通过内置函数 help()查看帮助，在编写程序时应优先考虑使用内置函数，因为内置函数不仅成熟、稳定，而且速度相对较快。

2.5 Python 编程规范

1. 缩进

类定义、函数定义、选择结构、循环结构和 with 块，每行代码行尾的冒号表示缩进的开始。Python 程序依靠代码块的缩进来体现代码之间的逻辑关系，缩进结束就表示一个代码块结束。同一个级别的代码块的缩进量必须相同，一般而言，以 4 个空格为基本缩进单位。程序 2.47 为缩进的代码示例。

```
#程序 2.47  缩进
with open('test.txt') as fp:
    for line in fp:
        if line:
            print(line)
```

2. 模块导入

每个 import 语句只导入一个模块，最好按标准库、扩展库、自定义库的顺序依次导入，示例参见程序 2.48。

```
#程序 2.48  import 语句
import sys
import numpy as np
import matplotlib.pyplot as plt
```

3. 空格和空行的使用

最好在每个类、函数定义和一段完整的功能代码之后增加一个空行，在运算符两侧各增加一个空格，逗号后面增加一个空格。虽然这不是强制做法，但是这样做无疑会提高代码的可读性。

4. 尽量不要写过长的语句

如果语句过长，可以考虑拆分成多个短一些的语句，以保证代码具有较好的可读性。如果语句确实太长而超过屏幕宽度，最好使用续行符“\”，或者使用圆括号将多行代码括起来表示是一条语句，示例参见程序 2.49。

```
#程序 2.49  续行符
x=1+2+3\                      #等价于 x=1+2+3+4+5+6
    +4+5+\
   6
y=(1+3+5+7\                   #等价于 y=(1+3+5+7+9)
    +9)
```

5. 括号的使用

虽然Python运算符有明确的优先级,但对于复杂的表达式建议在适当的位置使用括号使得各种运算的隶属关系和顺序更加明确、清晰。

6. 注释

注释单行,以符号"#"开始,表示本行"#"之后的内容为注释。

注释多行,包含在一对三引号'''...'''或"""..."""之间且不属于任何语句的内容将被解释器认为是注释。

7. 在开发速度和运行速度之间尽量取得最佳平衡

内置对象运行速度最快,标准库对象次之,用C语言或FORTRAN语言编写的扩展库速度也比较快,而纯Python的扩展库往往速度慢一些。在开发项目时,应优先使用Python内置对象,其次考虑使用Python标准库提供的对象,最后考虑使用第三方扩展库。

8. 根据运算特点选择最合适的数据类型来提高程序的运行效率

如果定义一些数据只是用来频繁遍历并且关心顺序,最好优先考虑元组。如果需要频繁地测试一个元素是否存在于一个序列中并且不关心其顺序,尽量采用集合。

列表和元组的in操作的时间复杂度是线性的,而对于集合和字典却是常数级的,与问题规模无关。

9. 合理组织条件表达式中多个条件的先后顺序

充分利用关系运算符以及逻辑运算符and和or的惰性求值特点,合理组织条件表达式中多个条件的先后顺序,减少不必要的计算。

10. 降低空间复杂度

充分利用生成器对象或类似迭代对象的惰性计算特点,尽量避免将其转换为列表、元组等类型,这样可以减少对内存的占用,降低空间复杂度。

11. 合理设计循环

减少内循环内的无关计算,尽量往外层提取。

2.6 机器学习中的统计参数

从本章开始将逐步给出与机器学习相关的数学计算。作为Python语言在人工智能开发的应用,这些数学计算中有很多在Python库中只要一个函数就能计算。为了深入理解这些数学计算的过程,本书大多是给出手工计算的方法,虽然在效率上不如标准库中的函数,但是可以帮助读者深入理解概念本身。在开发人工智能实际项目中,推荐使用标准库。

在统计机器学习中,样本被描述为一个随机变量,随机变量的统计参数经常用来描述不同类别的样本的特性,这里讨论常用的统计参数。

2.6.1 均值、方差和标准差

视频 4

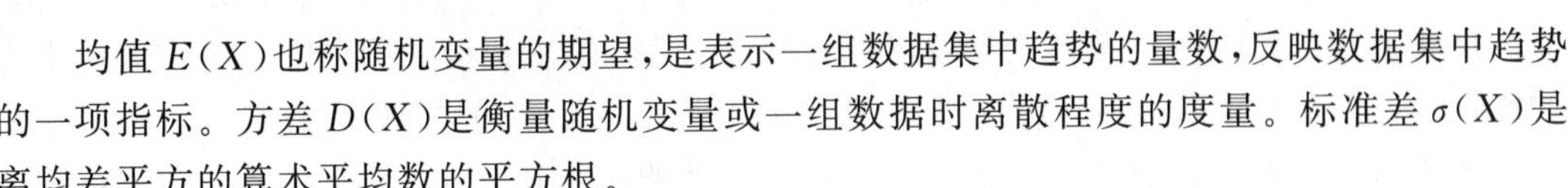

均值 $E(X)$ 也称随机变量的期望，是表示一组数据集中趋势的量数，反映数据集中趋势的一项指标。方差 $D(X)$ 是衡量随机变量或一组数据时离散程度的度量。标准差 $\sigma(X)$ 是离均差平方的算术平均数的平方根。

$$E(X)=1/m\sum_{i=0}^{m-1}x_i \tag{2.1}$$

$$D(X)=\frac{1}{m}\sum_{i-0}^{m-1}(x_i-E(X))^2=\frac{1}{m}\sum_{i=0}^{m-1}x_i^2-E(X)^2 \tag{2.2}$$

$$\sigma(X)=\sqrt{D(X)} \tag{2.3}$$

程序 2.50 中手工计算了均值、方差和标准差，并用 NumPy 包中的函数计算值做比较。NumPy(Numerical Python)提供一种称为数组的结构 array 来存储和处理大型矩阵 matrix，支持大量的维度数组与矩阵运算，此外也针对数组运算提供大量的数学函数库。虽然 Python 内置的嵌套列表也可以表示矩阵，但是比 NumPy 中的数组要低效得多。

```
#程序 2.50  机器学习中的常用统计参数
import numpy as np
np.random.seed(100)                    #设置种子值,每次生成随机数相同,实验具有可重复性
m = 100
x = np.random.randn(m)                 #生成 m 个服从正态分布的随机数
x_mean,x_var,x_std = 0,0,0
for xi in x:
    x_mean += xi                       #计算和
    x_var += xi ** 2                   #计算平方和
x_mean = x_mean/m                      #计算均值
x_var = x_var/m - x_mean ** 2          #计算方差
x_std = x_var ** 0.5                   #计算标准差
print('      手工计算      \t      库函数计算')
print('均值:',x_mean,'\t',np.mean(x))
print('方差:',x_var,'\t',np.var(x))
print('标准差:',x_std,'\t',np.std(x))
```

输出结果：

```
        手工计算                    库函数计算
均值: -0.10416585384406407        -0.10416585384406407
方差: 0.9404199041341581          0.9404199041341583
标准差: 0.9697524963278816        0.9697524963278817
```

视频 5

手工计算可以验证对公式的理解，这些简单的公式又是构成复杂公式的基础。机器学习和人工智能领域不可避免地会涉及很多数学公式，所以学会理解公式并翻译公式为 Python 程序，对于学习人工智能有很大的帮助。

2.6.2 偏度、峰度和相关系数

偏度(skewness)，是衡量随机变量概率分布的不对称性，相对于均值不对称程度的度

量。直观看来,偏度是概率密度函数曲线尾部的相对长度。

峰度又称峰态系数,表征概率密度分布曲线在平均值处峰值高低的特征数。直观看来,峰度反映了峰部的尖度。随机变量的峰度计算方法为:随机变量的四阶中心矩与方差平方的比值。正态分布的峰度为3,为了让正态分布的峰度为0,一般在计算时,减去3。

相关系数是最早由统计学家卡尔·皮尔逊设计的统计指标,是研究变量之间线性相关程度的量,一般用字母 r 表示。由于研究对象的不同,相关系数有多种定义方式,简单相关系数的计算依式(2.6)计算。

$$\mathrm{skew}(X)=E\left(\frac{X-\mu}{\sigma}\right)^{3} \tag{2.4}$$

$$\mathrm{Kurt}(X)=E\left(\frac{X-\mu}{\sigma}\right)^{4}-3 \tag{2.5}$$

$$\mathrm{r}(X,Y)=\frac{\mathrm{Cov}(X,Y)}{\sqrt{\mathrm{Var}(X)\mathrm{Var}(Y)}} \tag{2.6}$$

程序 2.51 演示了偏度、峰度和相关系数的计算。

```
#程序 2.51  偏度、峰度和相关系数的计算
import numpy as np
from scipy import stats
np.random.seed(100)
m = 100
x = np.random.randn(m)
y = x * 0.01                          #y与x之间呈线性关系
x_mean,x_std,y_mean,y_std = np.mean(x),np.std(x),np.mean(y),np.std(y)
x_skew,x_kur,r_xy = 0,0,0
for xi in x:
    x_skew += (xi - x_mean) ** 3      #计算偏度公式的分子部分
    x_kur += (xi - x_mean) ** 4       #计算峰度公式的分子部分
x_skew = x_skew/x_std ** 3/m
x_kur = x_kur/x_std ** 4/m - 3
xy_cov = 0
for i in range(m):
    xy_cov += (x[i] - x_mean) * (y[i] - y_mean)
xy_cov = xy_cov/(m * x_std * y_std)
print('      手工计算      \t      库函数计算')
print('偏度:',x_skew,'\t',stats.skew(x))
print('峰度:',x_kur,'\t',stats.kurtosis(x))
print('相关系数:',xy_cov,'\t',stats.pearsonr(x,y)[0])
```

输出结果:

```
      手工计算                       库函数计算
偏度: -0.01778592341561789          -0.01778592341561793
峰度: -0.6299762051297666           -0.6299762051297679
相关系数: 0.9999999999999999        1.0
```

结果中的相关系数为1,是因为 x 与 y 之间有一个线性关系。

2.6.3 距离

视频 6

距离在机器学习中经常用来衡量两个样本之间的相似程度。例如,现场采集的人脸图像与人脸库中的人脸图像的距离小到一个阈值,就可以判定该人脸的身份和人脸库中录入的人身份一致,通过验证。距离的计算有多重定义,不同的场合,根据数据不同的特性选择不同的距离公式。

1. 闵可夫斯基距离(Minkowski distance)

闵氏距离不是一种距离,而是一组距离的定义,如式(2.7)。

$$\text{dist\_min}(\boldsymbol{X},\boldsymbol{Y})=\left(\sum_{i=0}^{n-1}|x_i-y_i|^p\right)^{1/p} \tag{2.7}$$

当 $p=1$ 时,定义的是曼哈顿距离;

当 $p=2$ 时,定义的是欧氏距离;

当 $p\to\infty$ 时,就是切比雪夫距离。

根据参数 p 的不同,闵氏距离可以表示一类的距离,比较常用的是欧氏距离。

2. 夹角余弦距离

几何中夹角余弦可用来衡量两个向量方向的差异,机器学习中借用这一概念来衡量样本向量之间的差异。夹角余弦公式如式(2.8)。与式(2.6)相比,有类似的地方,可以认为夹角余弦是没有中心化的相关系数。所谓中心化就是坐标原点平移到数据的中心(均值)。

$$\cos(\theta)=\frac{x^{\mathrm{T}}y}{|x|\cdot|y|} \tag{2.8}$$

3. 马氏距离

马氏距离的定义如式(2.9),公式中的 Σ 是随机向量 $\boldsymbol{X}$、$\boldsymbol{Y}$ 的协方差。

$$\text{dist\_ma}(\boldsymbol{X},\boldsymbol{Y})=\sqrt{(\boldsymbol{X}-\boldsymbol{Y})^{\mathrm{T}}\Sigma^{-1}(\boldsymbol{X}-\boldsymbol{Y})} \tag{2.9}$$

程序 2.52 演示了 3 种常用距离。

```
#程序 2.52  3 种常用距离
import numpy as np
from scipy.spatial.distance import pdist
np.random.seed(100)
m = 100
x = np.random.randn(m)
y = x * 0.01
X = np.vstack((x,y))                        #x,y 两个向量垂直堆叠
d_oushi1 = np.sqrt((x - y)@(x - y))         #矩阵点乘,向量内积运算
#d_oushi2 = np.sqrt(np.sum((x - y) ** 2))  #另一种方法计算欧氏距离
d_yuxian = 1 - np.dot(x,y)/(np.linalg.norm(x) * np.linalg.norm(y)) #夹角余弦距离
print('        手工计算        \t      库函数计算')
print('欧氏距离:',d_oushi1,'\t',pdist(X,metric = 'euclidean')[0])
print('夹角余弦:',d_yuxian,'\t',pdist(X,metric = 'cosine')[0])
X = np.transpose(X)
d_mashi = np.sqrt((X[0] - X[1])@np.linalg.inv(np.cov(x,y))@(X[0] - X[1])) #马氏距离
print('马氏距离:',d_mashi,'\t',pdist(X,metric = 'mahalanobis')[0])
```

输出结果：

```
            手工计算                              库函数计算
欧氏距离：9.655776238601021              9.655776238601021
夹角余弦：1.1102230246251565e-16          3.3306690738754696e-16
马氏距离：2.1866397471673165              2.184210749481701
```

参数计算在编写程序的方法有很多种，程序 2.52 中的欧氏距离给了两种计算方法，第 9 行是两点向量相减的差向量做内积；第 10 行是两点向量的差求平方和，在计算结果上是等效的，还有其他多种写法，读者尝试按照自己的理解去编写，加深和巩固对公式的理解。第 11 行 dot()函数是实现两点做内积，NumPy 包的 linalg 模块是 linear algbra 线性代数模块，其中都是一些线性代数、矩阵有关的函数，该模块的 norm()函数是求向量的 2 范数，也可以理解为向量的长度；第 16 行 inv()函数是求矩阵的逆，cov()函数求两个随机变量的协方差。虽然这里手工实现了距离的计算，但在实际开发人工智能项目中，推荐使用库函数，既能提高开发效率，又能保证可靠稳定。

随机变量之间的距离实际上反映了样本之间的相似程度，距离越远则越不相似，反之，距离越近，则相似程度越高。因此，夹角余弦越大反映样本之间越相似，而距离应该越小。库函数在计算夹角余弦距离时，用 1 减去了夹角余弦值作为余弦距离。

以上是机器学习常用的统计参数的计算，读者可一边理解 Python 程序，一边琢磨参数背后的含义，为人工智能开发打下基础。

2.7 实　　验

1. 实验目的

(1) 掌握 Python 语言的基本数据类型和表达式用法。

(2) 掌握 Python 语言的内置对象。

(3) 掌握 Python 语言的常用内置函数用法。

(4) 掌握 Python 程序编写规范。

2. 实验内容

(1) 判定一个自然数是否为素数。素数是除了 1 和自身之外没有其他因数的自然数，最小的素数是 2。尝试用不同的方法编写 Python 程序批量判定素数。

依素数的定义，按顺序遍历从 2 开始到小于自身的数，去除该数。如果都不能整除则为素数，否则只要有一个数能整除该数就为合数，参考程序 2.53。

```
#程序 2.53  依概念判定一个数是否为素数
x = int(input('请输入一个大于 2 的自然数：'))
isPrime = True
for i in range(2,x):
    if x % i == 0:
        isPrime = False
        break
if isPrime:
```

```
        print('数字',x,'是素数!')
else:
        print('数字',x,'是合数!')
```

在判定一个自然数是否被大于 2 小于自身的某个数整除的时候，有一种提高效率节约时间的做法是，不必从 2 试到自身，而是试到该数的平方根即可，参考程序 2.54。

```
#程序 2.54  更高效率的判定素数
x = int(input('请输入一个大于 2 的自然数:'))
isPrime = True
for i in range(2,int(x ** 0.5) + 1):
    if x % i == 0:
        isPrime = False
        break
if isPrime:
    print('数字',x,'是素数!')
else:
    print('数字',x,'是合数!')
```

利用内置函数 filter()，找出 100 以内数据中的素数，参考程序 2.55。

```
#程序 2.55  利用内置函数 filter()找素数
def isPrime(x):                              #定义了一个判定一个数是否为素数的函数
    prime = True
    for i in range(2,int(x ** 0.5) + 1):
        if x % i == 0:
            prime = False
            break
    return prime
a = list(range(2,100))
print(list(filter(isPrime,a)))
```

利用标准库函数判断素数，参考程序 2.56。

```
#程序 2.56  利用标准库函数找素数
import math
def isPrime(x):
    return 0 not in [x % i for i in range(2, int(math.sqrt(x)) + 1)]
a = list(range(2,100))
print(list(filter(isPrime,a)))
```

(2) 尝试用自己的方法判定素数。

(3) 理解均值、方差、标准差和欧氏距离的计算公式，参考教材第 2.6 节，自行编写计算这些统计参数的 Python 程序。

(4) 根据每一步的结果写出实验报告。

本章小结

本章主要介绍 Python 语言的常用内置对象、运算符和表达式、内置函数的用法以及 Python 程序的编写规范等，还给出了一些与机器学习有关的统计参数的 Python 计算程序。虽然一些库中提供了这些参数的计算函数，但是读者要想深刻理解这些参数的含义和计算方法，最好按照自己的理解方式编写程序亲自实现一遍，这样既能提高 Python 程序设计的能力，又能巩固机器学习中的重要概念。

习　　题

一、选择题

1. 当需要在字符串中使用特殊字符时，Python 使用(　　)作为转义符。

   A. \　　B. /　　C. ＃　　D. ％

2. 下面(　　)不是有效的变量名。

   A. _score　　B. banana　　C. Number　　D. my-score

3. 幂运算符为(　　)。

   A. *　　B. ＋＋　　C. ％　　D. **

二、填空题

1. Python 包括________、________、________和________4 种类型的数字。
2. 加法赋值运算符为________。
3. 可以使用________函数输出变量地址。

三、程序和简答题

1. 编写 Python 程序，实现用户输入一个三位自然数，计算并输出其百位、十位和个位上的数字之和。

2. 输入某年某月某日，编写程序判断这一天是这一年的第几天？提示：以 3 月 5 日为例，应该先把前两个月的加起来，然后再加上 5 天即本年的第几天，特殊情况，闰年且输入月份大于 2 时需考虑多加一天。

3. 输入 3 个整数 x、y、z，编写程序把这 3 个数由小到大输出。提示：想办法把最小的数放到 x 上，先将 x 与 y 进行比较，如果 $x>y$ 则将 x 与 y 的值进行交换，然后再用 x 与 z 进行比较，如果 $x>z$ 则将 x 与 z 的值进行交换，这样能使 x 最小。

4. 编写 Python 程序，实现将一个列表的数据复制到另一个列表中。

5. 编写 Python 程序，输出 9×9 乘法口诀表。提示：分行与列考虑，共 9 行 9 列，i 控制行，j 控制列。

第3章　数据结构

数据结构研究的内容是如何按一定的逻辑结构把数据组织起来，并选择适当的存储表示方法把逻辑结构组织好的数据存储到计算机的存储器，从而更有效地处理数据，提高数据运算效率。数据的运算是定义在数据的逻辑结构上的操作，一般有以下几种常用运算。

(1) 检索，也称查询、搜索，就是在数据结构里查找满足一定条件的节点。一般是给定一个某字段的值，找具有该字段值的节点。

(2) 插入，也称增加，往数据结构中增加新的节点。

(3) 删除，把指定的节点从数据结构中去掉。

(4) 更新，也称修改，改变指定节点的一个或多个字段的值。

(5) 排序，把节点按某种指定的顺序重新排列，如递增或递减。

总结起来就是查、增、删、改和排序。Python 语言内置对象提供了一些数据结构，也称序列结构，包括列表、元组、字典和集合，如图 3.1 所示。从是否有序角度可将序列分为无序序列和有序序列，字典和集合都属于无序序列，列表和元组属于有序序列；从是否可变的角度可将序列分为不可变序列和可变序列，元组属于不可变序列，字典、集合和列表都属于可变序列。本章主要讨论这些结构是如何有效地组织数据，有哪些重要的方法等。在 Python 中这些数据结构都是对象，因此这里不再称其为运算或者函数，而是按照面向对象程序设计的习惯称其为方法。

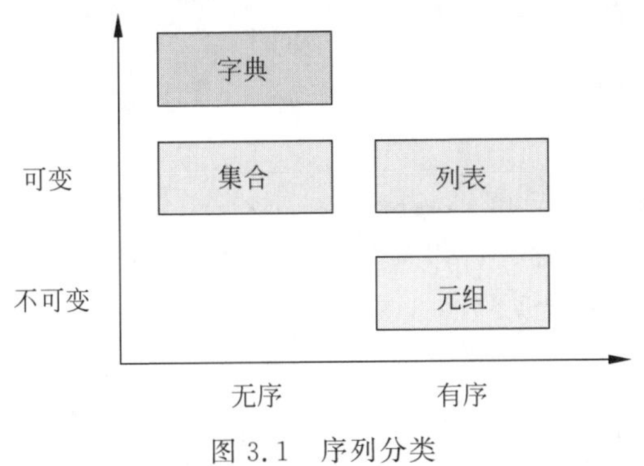

图 3.1　序列分类

3.1　列　　表

列表(list)是最重要的 Python 内置对象之一，是包含若干元素的有序连续内存空间。当列表增加或删除元素时，列表对象自动进行内存的扩展或收缩，从而保证相邻元素之间没有缝隙。Python 列表的这个内存自动管理功能可以大幅度减少程序员的负担,但插入和删除非尾部元素时涉及列表中大量元素的移动,会严重影响效率。

在非尾部位置插入和删除元素时会改变该位置后面的元素在列表中的索引,这对于某些操作可能会导致意外的错误结果。所以,除非确实有必要,否则应尽量从列表尾部进行元素的追加与删除操作。

在形式上,列表的所有元素放在一对方括号[]中,相邻元素之间使用逗号分隔。在 Python 中,同一个列表中元素的数据类型可以各不相同,可以同时包含整数、实数、字符串等基本类型的元素,也可以包含列表、元组、字典、集合、函数以及其他任意对象。如果只有一对方括号而没有任何元素则表示空列表。列表的示例参见程序 3.1。

```
#程序 3.1  列表
[10, 20, 30, 40]                                  #整数列表
['white', 'red', 'pink']                          #字符串列表
['python', 3.14, 15, [11, 12]]                    #不同类型数据列表
[['lst1', 21,7], ['lst2', 200,3]]                 #嵌套列表
[{3}, {4:6}, (6, 7, 8)]                           #序列结构列表
```

Python 采用基于值的自动内存管理模式,变量并不直接存储值,而是存储值的引用或内存地址,这也是 Python 中变量可以随时改变类型的重要原因。同理,Python 列表中的元素也是值的引用,所以列表中各元素可以是不同类型的数据。

需要注意的是,列表的功能虽然非常强大,但是负担也比较重,开销较大,在实际开发中,最好根据实际的问题选择一种合适的数据类型,要尽量避免过多使用列表。

3.1.1 列表操作

1. 列表创建与删除

使用"="直接将一个列表赋值给变量即可创建列表对象,示例参见程序 3.2。

```
#程序 3.2  列表变量
list1 = ['physics', 'chemistry', 1997, 2000]
list2 = [1, 2, 3, 4, 5 ]
list3 = ["a", "b", "c", "d"]
```

也可以使用 list()函数把元组、range 对象、字符串、字典、集合或其他可迭代对象转换为列表。当一个列表不再使用时,可以使用 del 命令将其删除,这一点适用于所有类型的 Python 对象。列表操作示例参见程序 3.3。

```
#程序 3.3  列表操作
list((3,5,7,9,11))                        #将元组转换为列表
list(range(1, 10, 2))                     #将 range 对象转换为列表
list('hello world')                       #将字符串转换为列表
list({3,7,5})                             #将集合转换为列表
list({'a':3, 'b':9, 'c':6})               #将字典的"键"转换为列表
list({'a':3, 'b':9, 'c':6}.items())       #将字典的"键:值"对转换为列表
x = list()                                #创建空列表
```

```
x = [1, 2, 3]
del x                              #删除列表对象
```

2. 列表元素访问

创建列表之后,可以使用整数作为下标来访问其中的元素。其中,0 表示第 1 个元素,1 表示第 2 个元素,2 表示第 3 个元素,以此类推；列表还支持使用负整数作为下标,其中－1 表示最后 1 个元素,－2 表示倒数第 2 个元素,－3 表示倒数第 3 个元素,以此类推。这和第 2 章所讲的字符串索引是类似的,示例参见程序 3.4。

```
#程序 3.4  列表元素访问
x = list('hello')                  #字符串转换成列表
print(x[0])                        #打印列表第一个元素
print(x[1:3])
print(x[-1])                       #打印列表最后一个元素
```

输出结果:

```
h
['e', 'l']
o
```

3.1.2 列表常用方法

列表的常用方法如表 3.1 所示,主要分为向列表插入新的元素、更新列表中元素的值、删除列表中的元素。

表 3.1 列表的常用方法及描述

方　法	描　述
append(x)	将 x 追加至列表尾部
extend(L)	将列表 L 中所有元素追加至列表尾部
insert(index, x)	在列表 index 位置处插入 x,该位置后面的所有元素后移并且在列表中的索引加 1。如果 index 为正数且大于列表长度则在列表尾部追加 x,如果 index 为负数且小于列表长度的相反数则在列表头部插入元素 x
remove(x)	在列表中删除第一个值为 x 的元素,该元素之后所有元素前移并且索引减 1,如果列表中不存在 x 则抛出异常
pop([index])	删除并返回列表中下标为 index 的元素,如果不指定 index 则默认为－1,弹出最后一个元素；如果弹出中间位置的元素则后面的元素索引减 1；如果 index 不是[－L, L]区间上的整数则抛出异常
clear()	清空列表,删除列表中所有元素,保留列表对象
index(x)	返回列表中第一个值为 x 的元素的索引,若不存在值为 x 的元素则抛出异常
count(x)	返回 x 在列表中的出现次数
reverse()	对列表所有元素进行原地逆序,首尾交换
sort(key=None, reverse=False)	对列表中的元素进行原地排序,key 用来指定排序规则,reverse 为 False 表示升序,True 表示降序
copy()	返回列表的浅复制

1. append()、insert()和 extend()方法

append()方法用于向列表尾部追加一个元素，insert()方法用于向列表任意指定位置插入一个元素，extend()方法用于将另一个列表中的所有元素追加至当前列表的尾部。这 3 个方法都属于原地操作，不影响列表对象在内存中的起始地址，示例参见程序 3.5。

```
#程序 3.5  列表 append()、insert()、extend()方法
x = [1, 2, 3]
print(id(x))                    #查看对象的内存地址
x.append(4)                     #在尾部追加元素
x.insert(0, 10)                 #在指定位置插入元素
x.extend([5, 6, 7])             #在尾部追加多个元素
print(x)
print(id(x))                    #列表在内存中的地址不变
```

输出结果：

```
2616696590792
[10, 1, 2, 3, 4, 5, 6, 7]
2616696590792
```

2. pop()、remove()和 clear()方法

pop()方法用于删除并返回指定位置(默认是最后一个)上的元素；remove()方法用于删除列表中第一个值与指定值相等的元素；clear()方法用于清空列表中的所有元素。这 3 个方法也属于原地操作，示例参见程序 3.6。还可以使用 del 命令删除列表中指定位置的元素，同样也属于原地操作。

```
#程序 3.6  列表 pop()、remove()、clear()方法
x = [1, 2, 3, 4, 5, 6, 7]
x.pop()                         #弹出并返回尾部元素
x.pop(0)                        #弹出并返回指定位置的元素
print(x)
x.clear()                       #删除所有元素
x = [1, 2, 1, 1, 10]
x.remove(2)                     #删除首个值为 2 的元素
del x[3]                        #删除指定位置上的元素
print(x)
```

输出结果：

```
[2, 3, 4, 5, 6]
[1, 1, 1]
```

3. count()和 index()方法

列表方法 count()用于返回列表中指定元素出现的次数；index()方法用于返回指定元素在列表中首次出现的位置，如果该元素不在列表中则抛出异常，示例参见程序 3.7。

```
#程序 3.7  列表 count()、index()方法
x = [1, 2, 2, 3, 3, 3, 4, 4, 4, 4]
print(x.count(3))                    #元素 3 在列表 x 中的出现次数
print(x.count(5))                    #不存在,返回 0
print(x.index(2))                    #元素 2 在列表 x 中首次出现的索引
print(x.index(5))                    #列表 x 中没有 5,抛出异常
```

输出结果：

```
3
0
1
ValueError: 5 is not in list
```

4. sort()和 reverse()方法

列表对象的 sort()方法用于按照指定的规则对所有元素进行排序；reverse()方法用于将列表所有元素逆序或翻转,示例参见程序 3.8。

```
#程序 3.8  列表 sort()、reverse()方法
import random
x = list(range(11))                  #包含 11 个整数的列表
random.shuffle(x)                    #把列表 x 中的元素随机乱序
print('随机排序:',x)
x.sort()                             #按默认规则排序
print('默认排序:',x)
x.reverse()                          #把所有元素翻转或逆序
print('逆序排序:',x)
#按转换成字符串以后的长#度,降序排列
x.sort(key = lambda item:len(str(item)), reverse = True)
print('指定关键字排序:',x)
```

输出结果：

```
随机排序: [4, 2, 7, 10, 8, 3, 0, 6, 5, 1, 9]
默认排序: [0, 1, 2, 3, 4, 5, 6, 7, 8, 9, 10]
逆序排序: [10, 9, 8, 7, 6, 5, 4, 3, 2, 1, 0]
指定关键字排序: [10, 9, 8, 7, 6, 5, 4, 3, 2, 1, 0]
```

3.1.3 列表支持的运算符

1. 加法

加法运算符"+"也可以实现列表增加元素的目的,但不属于原地操作,而是返回新列表,涉及大量元素的复制,效率非常低。使用复合赋值运算符"+="实现列表追加元素时属于原地操作,与 append()方法一样高效,示例参见程序 3.9。

```
#程序 3.9  列表 + 运算
x = [1, 2, 3]
print(id(x))
```

```
x = x + [4]                     #连接两个列表
print(id(x))                    #内存地址发生改变
x += [5]                        #为列表追加元素
print(x)
print(id(x))                    #内存地址不变
```

输出结果：

```
2431893524936
2431894803656
[1, 2, 3, 4, 5]
2431894803656
```

2. 乘法

乘法运算符“*”可以用于列表和整数相乘，表示序列重复，返回新列表。运算符“*=”也可以用于列表元素重复，属于原地操作。列表*运算示例参见程序3.10。

```
#程序3.10  列表*运算
x = [1, 2, 3]
print(id(x))
x = x * 2                       #元素重复,返回新列表
print(x)
print(id(x))                    #地址发生改变
x *= 2                          #元素重复,原地进行
print(x)
print(id(x))                    #地址不变
```

输出结果：

```
2050672185800
[1, 2, 3, 1, 2, 3]
2050672186312
[1, 2, 3, 1, 2, 3, 1, 2, 3, 1, 2, 3]
2050672186312
```

3. 成员测试运算符 in

成员测试运算符in可用于测试列表中是否包含某个元素，查询时间随着列表长度的增加而线性增加，而同样的操作对于集合而言则是常数级的，示例参见程序3.11。

```
#程序3.11  列表in运算
print(3 in [1, 2, 3])
print(3 in [1, 2, '3'])
```

输出结果：

```
True
False
```

3.1.4 内置函数对列表的操作

(1) max()函数和min()函数分别用于返回列表中所有元素中的最大值和最小值。

(2) sum()函数用于返回列表中的所有元素之和。

(3) len()函数用于返回列表中的元素个数,zip()函数用于将多个列表中的元素重新组合为元组并返回包含这些元组的 zip 对象。

(4) enumerate()函数返回包含若干下标和值的迭代对象。

(5) map()函数把函数映射到列表上的每个元素,filter()函数根据指定函数的返回值对列表元素进行过滤。

(6) all()函数用来测试列表中是否所有元素都等价于 True,any()函数用来测试列表中是否有等价于 True 的元素。

(7) 标准库 functools 中的 reduce()函数以及标准库 itertools 中的 compress()、groupby()、dropwhile()等大量函数也可以对列表进行操作。

内置函数对列表的操作参见程序 3.12。

```
#程序 3.12  内置函数对列表的操作
import random
x = list(range(5))                          #生成列表
random.seed(100)                            #固定种子值可以让每次序列相同
random.shuffle(x)                           #打乱列表中元素顺序
print('x = ',x)
print('x 的最大值:',max(x))                   #返回最大值
print('x 的最小值:',min(x))                   #返回最小值
print('x 的和:',sum(x))                       #返回和
print('x 的长度:',len(x))                     #返回长度
y = filter(lambda x:x % 2 == 0,x)           #保留偶数
print('过滤 x 的奇数,保留偶数:',list(y))
print('两个序列组合:',list(zip(x, [1] * 5)))  #多列表元素重新组合
z = map(lambda x:x + 10,x)                  #通过 lambda()函数实现每个元素加 10
print('z = ',list(z))
print('枚举列表元素:',list(enumerate(x)))      #枚举列表元素
```

输出结果:

```
x = [2, 0, 4, 3, 1]
x 的最大值: 4
x 的最小值: 0
x 的和: 10
x 的长度: 5
过滤 x 的奇数,保留偶数: [2, 0, 4]
两个序列组合: [(2, 1), (0, 1), (4, 1), (3, 1), (1, 1)]
z = [12, 10, 14, 13, 11]
枚举列表元素: [(0, 2), (1, 0), (2, 4), (3, 3), (4, 1)]
```

3.1.5 列表推导式

列表推导式使用非常简洁的方式快速生成满足特定需求的列表,代码具有非常强的可读性。列表推导式语法形式为:

```
[expression for expr1 in sequence1 if condition1
            for expr2 in sequence2 if condition2
            for expr3 in sequence3 if condition3
            ...
            for exprN in sequenceN if conditionN]
```

列表推导式在逻辑上等价于一个循环语句，只是形式上更加简洁，示例参见程序 3.13。

```
1  #程序 3.13  列表推导式
2  lst1 = [x * x for x in range(10)]
3  print(lst1)
4  lst2 = []
5  for x in range(10):                    #和第 2 行的列表推导式等价
6      lst2.append(x ** 2)                #列表追加元素
7  print(lst2)
```

输出结果：

```
[0, 1, 4, 9, 16, 25, 36, 49, 64, 81]
[0, 1, 4, 9, 16, 25, 36, 49, 64, 81]
```

1. 实现嵌套列表的平铺

程序 3.14 中列表推导式中有两个循环。第一个循环可以看作外循环，执行得慢；第二个循环可以看作内循环，执行得快。

```
1  #程序 3.14  带二重循环的列表推导式
2  vec = [[1, 2, 3], [4, 5, 6], [7, 8, 9]]
3  print([num for elem in vec for num in elem])
4  result = []
5  for elem in vec:                       #和第 3 行的列表推导式等价
6      for num in elem:
7          result.append(num)
8  print(result)
```

输出结果：

```
[1, 2, 3, 4, 5, 6, 7, 8, 9]
[1, 2, 3, 4, 5, 6, 7, 8, 9]
```

2. 使用列表推导式实现矩阵转置

使用列表推导式实现矩阵转置，示例参见程序 3.15。

```
1  #程序 3.15  矩阵转置
2  matrix = [[1, 2, 3, 4], [5, 6, 7, 8], [9, 10, 11, 12]]
3  print(matrix)
4  print([[row[i] for row in matrix] for i in range(4)])        #列表推导式实现矩阵转置
```

输出结果：

```
[[1, 2, 3, 4], [5, 6, 7, 8], [9, 10, 11, 12]]
```

```
[[1, 5, 9], [2, 6, 10], [3, 7, 11], [4, 8, 12]]
```

3.1.6 切片操作

在形式上，切片使用两个冒号分隔的 3 个数字来完成，[start:end:step]，

第一个数字 start 表示切片开始位置，默认为 0；

第二个数字 end 表示切片截止(但不包含)位置(默认为列表长度)；

第三个数字 step 表示切片的步长(默认为 1)。

当 start 为 0 时可以省略，当 end 为列表长度时可以省略，当 step 为 1 时可以省略，省略步长时还可以同时省略最后一个冒号。

当 step 为负整数时，表示反向切片，这时 start 应该在 end 的右侧。

1. 使用切片获取列表部分元素

使用切片可以返回列表中部分元素组成的新列表。与使用索引作为下标访问列表元素的方法不同，切片操作不会因为下标越界而抛出异常，而是简单地在列表尾部截断或者返回一个空列表，代码具有更强的健壮性，示例参见程序 3.16。

```
#程序 3.16  列表切片
lst = list(range(10))
print(lst[::])                    #返回包含原列表中所有元素的新列表
print(lst[::-1])                  #返回包含原列表中所有元素的逆序列表
print(lst[::2])                   #隔一个取一个，获取偶数位置的元素
print(lst[1::2])                  #隔一个取一个，获取奇数位置的元素
print(lst[3:6])                   #指定切片的开始和结束位置
```

输出结果：

```
[0, 1, 2, 3, 4, 5, 6, 7, 8, 9]
[9, 8, 7, 6, 5, 4, 3, 2, 1, 0]
[0, 2, 4, 6, 8]
[1, 3, 5, 7, 9]
[3, 4, 5]
```

2. 使用切片为列表增加元素

可以使用切片操作在列表任意位置插入新元素，不影响列表对象的内存地址，属于原地操作，示例参见程序 3.17。

```
#程序 3.17  列表切片增加元素
lst = [3, 5, 7]
lst[len(lst):] = [9]              #在列表尾部增加元素
print(lst)
lst[:0] = [1, 2]                  #在列表头部插入多个元素
print(lst)
lst[3:3] = [4]                    #在列表中间位置插入元素
print(lst)
```

输出结果：

```
[3, 5, 7, 9]
[1, 2, 3, 5, 7, 9]
[1, 2, 3, 4, 5, 7, 9]
```


3. 使用切片替换和修改列表中的元素

使用切片替换和修改列表中的元素，示例参见程序3.18。

```
#程序3.18  列表切片实现修改元素
lst = [3, 5, 7, 9]
lst[:3] = [1, 2, 3]               #替换列表元素，等号两边的列表长度相等
print(lst)
lst[3:] = [4, 5, 6]               #切片连续，等号两边的列表长度可以不相等
print(lst)
lst[::2] = [0] * 3                #隔一个修改一个
print(lst)
lst[::2] = ['a', 'b', 'c']        #隔一个修改一个
print(lst)
```

输出结果：

```
[1, 2, 3, 9]
[1, 2, 3, 4, 5, 6]
[0, 2, 0, 4, 0, 6]
['a', 2, 'b', 4, 'c', 6]
```

4. 使用切片删除列表中的元素

使用切片删除列表中的元素，示例参见程序3.19。

```
#程序3.19  列表切片实现删除元素
lst = [3, 5, 7, 9]
lst[:3] = []                      #删除列表中前3个元素
print(lst)
```

输出结果：

```
[9]
```

3.2 元　　组

列表的功能虽然很强大，但负担也很重，在很大程度上影响了运行效率。有时候并不需要那么多功能，很希望有个轻量级的列表，元组(tuple)正是这样一种类型。

从形式上，元组的所有元素放在一对圆括号中，元素之间使用逗号分隔，如果元组中只有一个元素则必须在最后增加一个逗号。

3.2.1 元组创建与元素访问

元组和列表有一些相似的地方，支持使用下标访问其元素，支持双向索引等，但与列表不同的是元组是不可变序列，一旦定义，不能改变元组元素的值，示例参见程序3.20。

```python
#程序 3.20  元组创建与访问
x = ()                                  #创建空元组
x = tuple()                             #创建空元组
tuple(range(5))                         #将其他迭代对象转换为元组
x = (1, 2, 3)                           #直接把元组赋值给一个变量
print('x 的类型为:',type(x))            #使用 type()函数查看变量类型
print('x 的第一个元素为:',x[0])         #元组支持使用下标访问特定位置的元素
print('x 的最后一个元素为:',x[-1])      #最后一个元素,元组也支持双向索引
x[1] = 4                                #元组是不可变的,抛出异常
x = (3)                                 #这和 x = 3 是一样的
x = (3,)                                #如果元组中只有一个元素,必须在后面多写一个逗号
```

输出结果：

```
x 的类型为: <class 'tuple'>
x 的第一个元素为: 1
x 的最后一个元素为: 3
TypeError: 'tuple' object does not support item assignment
```

3.2.2 元组与列表的比较

列表和元组都属于有序序列，都支持使用双向索引访问其中的元素，以及使用 count()方法统计指定元素的出现次数和 index()方法获取指定元素的索引，len()、map()、filter()等大量内置函数和"+""+=""in"等运算符也都可以作用于列表和元组。

元组属于不可变(immutable)序列，不可以直接修改元组中元素的值，也无法为元组增加或删除元素。

元组没有提供 append()、extend()和 insert()等方法，无法向元组中添加元素；同样，元组也没有 remove()和 pop()方法，也不支持对元组元素进行 del 操作，不能从元组中删除元素，而只能使用 del 命令删除整个元组。

元组也支持切片操作，但是只能通过切片访问元组中的元素，而不允许使用切片修改元组中元素的值，也不支持使用切片操作为元组增加或删除元素。

Python 的内部实现对元组做了大量优化，访问速度比列表更快。如果定义了一系列常量值，主要用途仅是对它们进行遍历或其他类似用途，而不需要对其元素进行任何修改，那么一般建议使用元组而不用列表。

元组在内部实现上不允许修改其元素值，从而使得代码更加安全。例如，调用函数时使用元组传递参数可以防止在函数中修改元组，而使用列表则很难保证这一点。

3.2.3 生成器推导式

生成器推导式(generator expression)的用法与列表推导式非常相似，在形式上生成器推导式使用圆括号(parentheses)作为定界符，而不是列表推导式所使用的方括号(square brackets)。

与列表推导式最大的不同是，生成器推导式的结果是一个生成器对象。生成器对象类似于迭代器对象，具有惰性求值的特点，只在需要时生成新元素，比列表推导式具有更高的

效率，空间占用非常少，尤其适合大数据处理的场合。

使用生成器对象的元素时，可以根据需要将其转化为列表或元组，也可以使用生成器对象的__next__()方法或者内置函数 next()进行遍历，或者直接使用 for 循环遍历其中的元素。不管用哪种方法访问其元素，只能从前往后正向访问每个元素，没有任何方法可以再次访问已访问过的元素，也不支持使用下标访问其中的元素。当所有元素访问结束以后，如果需要重新访问其中的元素，必须重新创建该生成器对象，enumerate、filter、map、zip 等其他迭代器对象也具有同样的特点。

(1) 使用生成器对象__next__()方法或内置函数 next()进行遍历，参见程序 3.21。

```
#程序 3.21  使用生成器对象遍历列表
gen = ((i+2) ** 2 for i in range(10))      #创建生成器对象
print(gen)
print(tuple(gen))                          #将生成器对象转换为元组
print(list(gen))                           #生成器对象已遍历结束，没有元素了
gen = ((i+2) ** 2 for i in range(10))      #重新创建生成器对象
print(gen.__next__())                      #使用生成器对象的__next__()方法获取元素
print(next(gen))                           #使用函数 next()获取生成器对象中的元素
```

输出结果：

```
<generator object <genexpr> at 0x000001F1FA4738C8>
(4, 9, 16, 25, 36, 49, 64, 81, 100, 121)
[]
4
9
```

(2) 使用 for 循环语句直接迭代生成器对象中的元素，参见程序 3.22。

```
#程序 3.22  for 循环直接迭代生成器对象中的元素
gen = ((i+2) ** 2 for i in range(10))
for item in gen:                    #使用循环直接遍历生成器对象中的元素
    print(item, end=' ')
```

输出结果：

```
4 9 16 25 36 49 64 81 100 121
```

(3) 访问过的元素不再存在，参见程序 3.23。

```
#程序 3.23  不可再次访问已经访问过的元素
x = filter(None, range(10))         #filter 对象也具有类似的特点
print(5 in x)
print(2 in x)                       #不可再次访问已访问过的元素
x = map(str, range(20))             #map 对象也具有类似的特点
print('0' in x)
print('0' in x)                     #不可再次访问已访问过的元素
```

输出结果：

```
True
False
True
False
```

3.3 字　　典

字典(dictionary)是包含若干“键:值”元素的无序可变序列,字典中的每个元素包含用冒号分隔开的“键”和“值”两部分,表示一种映射或对应关系,也称关联数组。定义字典时,每个元素的“键”和“值”之间用冒号分隔,不同元素之间用逗号分隔,所有的元素放在一对花括号“{}”中。

字典中元素的“键”可以是 Python 中任意不可变数据,如整数、实数、复数、字符串、元组等类型等可哈希数据,但不能使用列表、集合、字典或其他可变类型作为字典的“键”。字典中的“键”不允许重复,而“值”是可以重复的。

3.3.1 字典创建与删除

使用赋值运算符“=”将一个字典赋值给一个变量即可创建一个字典变量,也可以使用内置类 dict 以不同形式创建字典,示例参见程序 3.24。

```
#程序 3.24  字典结构的创建
x = dict()                              #空字典
print(type(x))                          #查看对象类型
x = {}                                  #空字典
keys = ['a', 'b', 'c', 'd']
values = [1, 2, 3, 4]
dictionary = dict(zip(keys, values))    #根据已有数据创建字典
print(dictionary)
dic = dict(name = 'Dong', age = 39)     #以关键参数的形式创建字典
print(dic)
#以给定内容为"键",创建"值"为空的字典
dic = dict.fromkeys(['name', 'age', 'sex'])
print(dic)
```

输出结果:

```
<class 'dict'>
{'a': 1, 'b': 2, 'c': 3, 'd': 4}
{'name': 'Dong', 'age': 39}
{'name': None, 'age': None, 'sex': None}
```

3.3.2 字典元素的访问

字典中的每个元素表示一种映射关系或对应关系,根据提供的“键”作为下标就可以访问对应的“值”,如果字典中不存在这个“键”会抛出异常,示例参见程序 3.25。

```
1    #程序 3.25   字典元素的访问
2    dic = {'age': 39, 'score': [98, 97], 'name': 'Dong', 'sex': 'male'}
3    print(dic['age'])                  #指定的"键"存在,返回对应的"值"
4    print(dic['address'])              #指定的"键"不存在,抛出异常
5    xuehao = {'001':'zhangsan','002':'lisi','003':'wangwu'}
6    print(xuehao.get('001'))           #如果字典中存在该"键"则返回对应#的"值"
7    #指定的"键"不存在时返回指定的默#认值
8    print(xuehao.get('address', 'Not Exists.'))
```

输出结果:

```
39
KeyError: 'address'
zhangsan
Not Exists.
```

字典对象提供了一个 get()方法用来返回指定“键”对应的“值”,并且允许指定该键不存在时返回特定的“值”。程序 3.25 第 8 行就是指定要返回 address 键的值,如果该键不存在则返回字符串“Not Exists”。

使用字典对象的 items()方法可以返回字典的键、值对。使用字典对象的 keys()方法可以返回字典的键。使用字典对象的 values()方法可以返回字典的值。

3.3.3 元素添加、修改与删除

当以指定“键”为下标为字典元素赋值时,有以下两种含义。

(1) 若该“键”存在,则表示修改该“键”对应的值。

(2) 若不存在,则表示添加一个新的“键:值”对,也就是添加一个新元素。

字典元素的添加、修改操作,参见程序 3.26。

```
#程序 3.26   字典元素的添加、修改操作
dic = {'age': 35, 'name': 'Dong', 'sex': 'male'}
dic['age'] = 39                    #修改元素值
dic['address'] = 'Jiangning'       #添加新元素
print(dic)
dic = {'age': 37, 'score': 95, 'name': 'Yang'}
#修改'age'键的值,同时添加新元素'address': 'Jiangning'
dic.update({'address':'Jiangning', 'age':39})
print(dic)
```

输出结果:

```
{'age': 39, 'name': 'Yang', 'sex': 'male', 'address': 'Jiangning'}
{'age': 39, 'score': 95, 'name': 'Yang', 'address': 'Jiangning'}
```

使用字典对象的 update()方法可以将另一个字典的“键:值”一次性全部添加到当前字典对象。如果两个字典中存在相同的“键”,则以另一个字典中的“值”为准对当前字典进行更新。

如果需要删除字典中指定的元素,可以使用 del 命令,也可以使用字典对象的 pop()和 popitem()方法弹出并删除指定的元素,参见程序 3.27。

```
#程序 3.27  字典元素的删除
dic = {'age': 37, 'score': 95, 'name': 'Dong', 'sex': 'male'}
del dic['age']                  #删除字典元素
print(dic)
dic.popitem()                   #弹出一个元素,对空字典会抛出异常
print(dic)
dic.pop('name')                 #弹出指定键对应的元素
print(dic)
```

输出结果:

```
{'score': 95, 'name': 'Dong', 'sex': 'male'}
{'score': 95, 'name': 'Dong'}
{'score': 95}
```

3.3.4 标准库 collections 中与字典有关的类

1. OrderedDict 类

Python 内置字典 dict 是无序的,如果需要一个可以记住元素插入顺序的字典,可以使用 collections. OrderedDict,参见程序 3.28。

```
#程序 3.28  有序字典 OrderedDict 类
import collections
x = collections.OrderedDict()         #有序字典
x['c'] = 8
x['a'] = 3
x['b'] = 5
print(x)                              #按插入的顺序输出
```

输出结果:

```
OrderedDict([('c', 8), ('a', 3), ('b', 5)])
```

2. defaultdict 类

标准库 collections 中的默认字典,在访问一个不存在的键时,不会抛出异常,会创建一个新的键,值默认为 0。程序 3.29 中首先利用随机选择函数从 0~9 字符串中选择 100 次,然后利用默认字典统计字符串出现的次数。

```
#程序 3.29  默认字典 defaultdict 类
import string
import random
from collections import defaultdict
x = string.digits                              #取数字
y = [random.choice(x) for i in range(100)]     #从 x 中选择 100 次作为列表元素
z = ''.join(y)                                 #列表中的元素用空格
frequences = defaultdict(int)                  #所有值默认为 0
for item in z:
    frequences[item] += 1                      #修改每个字符的频次
print(frequences.items())
```

输出结果：

```
dict_items([('2', 9), ('3', 8), ('9', 12), ('7', 11), ('8', 12), ('4', 7), ('1', 7), ('0', 16),
('6', 7), ('5', 11)])
```

3. Counter 类

对于频次统计的问题，使用 collections 模块的 Counter 类可以更加快速地实现统计频率的功能，并且能够延伸给出更多的统计信息功能。例如，查找出现次数最多的元素，参见程序 3.30。

```
#程序 3.30  计数 Counter 类
import random
import string
from collections import Counter
x = string.digits
y = [random.choice(x) for i in range(100)]
z = ''.join(y)
frequences = Counter(z)
print(frequences)                         #以字典形式返回，默认以值从大到小排序
print(frequences.items())                 #返回以项作为元素的列表
print(frequences.most_common(1))          #返回出现次数最多的 1 个字符及其频率
print(frequences.most_common(3))          #返回出现次数最多的前 3 个字符及其频率
```

输出结果：

```
Counter({'5': 17, '1': 15, '2': 15, '6': 11, '7': 10, '0': 9, '4': 9, '8': 6, '3': 5, '9': 3})
dict_items([('1', 15), ('3', 5), ('5', 17), ('0', 9), ('8', 6), ('2', 15), ('4', 9), ('7', 10),
('6', 11), ('9', 3)])
[('5', 17)]
[('5', 17), ('1', 15), ('2', 15)]
```

3.4 集　合

集合(set)属于 Python 无序可变序列，使用一对花括号作为定界符，元素之间使用逗号分隔，同一个集合内的每个元素都是唯一的，元素之间不允许重复。

集合中只能包含数字、字符串、元组等不可变类型(或者说可哈希)的数据，而不能包含列表、字典、集合等可变类型的数据。

3.4.1 集合对象的创建与删除

直接将集合赋值给变量即可创建一个集合对象，也可以使用函数 set()函数将列表、元组、字符串、range 对象等其他可迭代对象转换为集合。如果原来的数据中存在重复元素，则在转换为集合的时候只保留一个；如果原序列或迭代对象中有不可哈希的值，则无法转换成为集合，抛出异常。集合对象的创建与删除，参见程序 3.31。

```
#程序 3.31  集合的创建与删除
x = set()                                  #空集合
s = {3, 5}                                 #创建集合对象
print(type(s))
s1 = set(range(8, 14))                     #把 range 对象转换为集合
print(s1)
s2 = set([0, 1, 2, 3, 0, 1, 2, 3, 7, 8])   #转换时自动去掉重复元素
print(s2)
del s1                                     #删除集合 s1
print(s1)                                  #抛出异常
```

输出结果：

```
<class 'set'>
{8, 9, 10, 11, 12, 13}
{0, 1, 2, 3, 7, 8}
NameError: name 's1' is not defined
```

3.4.2 集合操作与运算

1. 集合元素增加与删除

使用集合对象的 add()方法可以增加新元素，如果该元素已存在则忽略该操作，不抛出异常；update()方法用于合并另外一个集合中的元素到当前集合中，并自动去除重复元素，参见程序 3.32。

```
#程序 3.32  集合元素的增加，修改
s = {1, 2, 3}
s.add(3)              #添加元素，重复元素自动忽略
print(s)
s.update({3,4})       #更新当前字典，自动忽略重复的元素
print(s)
```

输出结果：

```
{1, 2, 3}
{1, 2, 3, 4}
```

pop()方法用于随机删除并返回集合中的一个元素，如果集合为空则抛出异常；remove()方法用于删除集合中的元素，如果指定元素不存在则抛出异常；discard()方法用于从集合中删除一个特定元素，如果元素不在集合中则忽略该操作；clear()方法清空集合删除所有元素，参见程序 3.33。

```
#程序 3.33  集合元素的删除
s={1,2,3,4}
s.discard(5)              #删除元素，不存在则忽略该操作
print('discard ',s)
print('pop',s.pop())      #删除并返回一个元素
s.remove(5)               #删除元素，不存在就抛出异常
```

输出结果：

```
discard  {1, 2, 3, 4}
pop 1
KeyError: 5
```

程序 3.33 中抛出异常的语句在最后一行，前面的正常执行。如果存在异常的语句在前面，则该语句后面的就不执行。这主要是由于 Python 脚本是解释执行，遇到异常就直接退出。如果需要执行抛出异常的语句后面的内容，则需要添加异常处理。

2. 集合运算

集合虽然是 Python 语言的数据结构，它和数学上的集合一样可以做并、交、差运算，参见程序 3.34。

```
#程序 3.34  集合运算
a_set = set([4, 5, 6, 7])
b_set = {0, 1, 2, 3, 4}
print('并集 1 ',a_set | b_set)                           #并集
print('并集 2 ',a_set.union(b_set))
print('交集 1 ',a_set & b_set)                           #交集
print('交集 2 ',a_set.intersection(b_set))
print('差集 1 ',a_set.difference(b_set))                 #差集
print('差集 2 ',a_set - b_set)
print('对称差集 1 ',a_set.symmetric_difference(b_set)) #对称差集
print('对称差集 2 ',a_set ^ b_set)
```

输出结果：

```
并集 1 {0, 1, 2, 3, 4, 5, 6, 7}
并集 2 {0, 1, 2, 3, 4, 5, 6, 7}
交集 1 {4}
交集 2 {4}
差集 1 {5, 6, 7}
差集 2 {5, 6, 7}
对称差集 1 {0, 1, 2, 3, 5, 6, 7}
对称差集 2 {0, 1, 2, 3, 5, 6, 7}
```

集合也可以进行关系运算，只不过不是用来比较大小而是判断集合之间的包含关系、子集等，参见程序 3.35。

```
#程序 3.35  集合的关系运算
x = {1, 2, 3}
y = {1, 2, 5}
z = {1, 2, 3, 4}
print(x < y)                    #比较集合大小/包含关系
print(x < z)                    #真子集
print(y < z)
print({1, 2, 3} <= {1, 2, 3}) #子集
```

输出结果：

```
False
True
False
True
```

3.5 序列封包与解包

把多个值赋给一个变量时，Python 会自动地把多个值封装成元组，称为序列封包。把一个序列(列表、元组、字符串等)直接赋给多个变量，此时会把序列中的各个元素依次赋值给每个变量，但是元素的个数需要和变量个数相同，这称为序列解包。

1. 序列封包

序列封包可参见程序 3.36。

```
#程序 3.36  序列封包
a = 1,2,3                    # 序列封包,把多个值赋给一个变量
print (a)
print (type(a))
print (a[1:3])
```

输出结果：

```
(1, 2, 3)
<class 'tuple'>
(2, 3)
```

2. 序列解包

在序列解包时，如果只想解出部分元素，可以在变量的左边加"*"，该变量就会变成列表，保存多个元素，参见程序 3.37。

```
#程序 3.37  序列解包
a = 'hello'
b,c,*d=a                 #字符串解包
print(b,c,d)
b,c,d=a                  #元素个数与变量个数不相等时,解包会报错
print(b)
```

输出结果：

```
h e ['l', 'l', 'o']
ValueError: too many values to unpack (expected 2)
```

3.6 NumPy 库中的 array 结构

除 Python 内置的数据结构之外，还有一个最为重要、使用最为频繁的数据结构——NumPy 库中的 array 结构，称为数组。下面简要介绍其操作，主要是一些数学运算。

1. 生成数组

生成数组的代码可参见程序 3.38。

```
#程序 3.38  生成数组
import numpy as np
print(np.array([1,2,3,4,5]))  #将 Python 列表转换为数组
print(np.array(range(5)))     #将 Python 的 range 对象转换为数组
print(np.array([[1,2,3],[4,5,6]]))
print(np.linspace(0,10,11))   #生成等差数组
print(np.logspace(0,10,11))   #生成对数数组
print(np.zeros((3,3)))        #生成全 0 二维数组
print(np.ones((2,4)))         #生成全 1 二维数组
print(np.identity(3))         #生成全单位矩阵(二维数组)
print(np.empty((3,2)))        #生成空数组,元素值不确定
```

输出结果：

```
[1 2 3 4 5]
[0 1 2 3 4]
[[1 2 3]
 [4 5 6]]
[ 0. 1. 2. 3. 4. 5. 6. 7. 8. 9. 10.]
[1.e+00 1.e+01 1.e+02 1.e+03 1.e+04 1.e+05 1.e+06 1.e+07 1.e+08 1.e+09
 1.e+10]
[[0. 0. 0.]
 [0. 0. 0.]
 [0. 0. 0.]]
[[1. 1. 1. 1.]
 [1. 1. 1. 1.]]
[[1. 0. 0.]
 [0. 1. 0.]
 [0. 0. 1.]]
[[5.11798224e-307 1.37961370e-306]
 [1.24610383e-306 1.78020169e-306]
 [1.78020984e-306 8.34454050e-308]]
```

2. 数组运算

数组与数值的运算是一次性作用在数组的每个元素上,不需要人为地编写循环对数组元素进行运算,而且这种方式速度比循环操作还要快。和内置列表不同的一点是,数组与数值相乘是数组元素与数值做乘法运算,而列表与数值相乘则是重复列表若干次,参见程序 3.39。

```
#程序 3.39  数组运算 1
import numpy as np
x = np.array([1,2,3,4,5])
print(x + 2)          #数组一次性与数值相加,避免写循环对元素相加
print(x * 2)          #数组与数值相乘
print(x/2)            #数组与数值相除
print(x//2)           #数组与数值整除
print(x ** 3)         #幂运算
print(x % 3)          #取余数
```

输出结果：

```
[3 4 5 6 7]
[ 2  4  6  8 10]
[0.5 1.  1.5 2.  2.5]
[0 1 1 2 2]
[  1   8  27  64 125]
[1 2 0 1 2]
```

3. 数组的矩阵运算

从数学角度看，一维数组是向量，也可以认为是特殊的矩阵，二维数组是矩阵，更高维度的数组称为张量。程序 3.40 演示常用的矩阵转置、点乘(内积)运算。

```
#程序 3.40  数组的矩阵运算
import numpy as np
x = np.array([[1,2,3],[2,4,5]])
y = np.array([[1,2,3],[3,4,5],[4,5,6]])
print(x.dot(y))                  #矩阵相乘
print(x.T)                       #矩阵转置
print(x.transpose())             #矩阵转置
x1 = np.array([1,2,4])
y1 = np.array([3,4,5])
print(x1.dot(y1))                #向量内积
```

输出结果：

```
[[19 25 31]
 [34 45 56]]
[[1 2]
 [2 4]
 [3 5]]
[[1 2]
 [2 4]
 [3 5]]
31
```

4. 数组元素访问

数组元素的访问和其他语言定义的数组相似，用第一个索引取行，第二个索引取列，如果更高维度的数组则会有更多索引，另外还支持切片，取数组的某些行某些列。数组元素的访问可参见程序 3.41。

```
#程序 3.41  数组元素访问
import numpy as np
x = np.array([[1,2,3],[3,4,5],[4,5,6]])
print(x[0])                 #访问数组第 0 行
print(x[1][2])              #访问数组第 1 行 2 列(索引从 0 开始)
print(x[:,0])               #访问数组所有行第 0 列
print(x[1,1:3])             #访问第 1 行第 1 至 3 列(不包括第 3 列)
```

输出结果：

```
[1 2 3]
5
[1 3 4]
[4 5]
```

5. 广播

广播机制是数组特有的，参与运算的两个数组大小不一样，在运算之前会各自扩展（复制）至相同行相同列，再进行运算，参见程序3.42。

```
#程序3.42  数组元素访问
import numpy as np
x = np.array([1,3,5,7,9])
y = np.array([10,20,30,40,50])[:,np.newaxis] #增加一个轴(维度)，变成只有一列的矩阵
print('y:\n',y)
print('x + y:\n',x + y)
print('x * y:\n',x * y)
```

输出结果：

```
y:
 [[10]
 [20]
 [30]
 [40]
 [50]]
x + y:
 [[11 13 15 17 19]
 [21 23 25 27 29]
 [31 33 35 37 39]
 [41 43 45 47 49]
 [51 53 55 57 59]]
x * y:
 [[ 10  30  50  70  90]
 [ 20  60 100 140 180]
 [ 30  90 150 210 270]
 [ 40 120 200 280 360]
 [ 50 150 250 350 450]]
```

3.7 机器学习中的变量分布

数据结构在机器学习算法中典型的应用是组织样本数据。如果样本的特征是一维数据，利用列表就可以组织样本；如果样本的特征是二维或者更高维数据，可以利用NumPy包中的数组结构array组织样本数据；一维数据也可以利用array来组织，方便进行各种矩阵运算。接下来的程序中变量组织就是利用array这种结构进行。

每个变量分布是指随机变量的分布。2.6节已经提到，在机器学习中，用随机变量来描述训练样本，一个样本对应一个随机变量。随机变量取每个值的概率就是随机变量的分布。

如果变量的取值是离散的，则称分布律；如果变量的取值是连续的，则称分布密度。

变量的分布对机器学习的训练模型非常重要，假设变量服从什么样的分布就会推导出对应的训练模型。例如，假设样本之间独立，每个样本都服从两点分布，就能推导出 Logistic 分类器。样本之间独立，并且每个样本都服从同样的分布，称为独立同分布。假设样本之间独立同分布，服从高斯分布则能推导出线性回归模型的损失函数如 1.7.2 小节中式(1.3)的形式。在 6.5 节给出了公式的推导，这里借此说明随机变量的分布对机器学习来说非常重要。

3.7.1 两点分布

两点分布又称伯努利分布，即随机变量的取值只有两种情况。一个二分类问题中，标签值可以取 0 对应某一类，也可以取 1 对应另外一类。两点分布正好可以用来描述一个二分类中一个样本要么取 0，要么取 1。从这点出发，可以推导 Logistic 线性分类器。这种分布比较简单，不做程序演示。

3.7.2 高斯分布

视频 7

高斯分布也称正态分布，若一维随机变量 x 服从一个位置参数为 μ、尺度参数为 σ 的概率分布，且其概率密度函数为：

$$p(x)=\frac{1}{\sqrt{2\pi}\sigma}\exp\left(-\frac{(x-\mu)^2}{2\sigma^2}\right) \tag{3.1}$$

二维及高维随机变量的高斯分布是一维高斯分布的推广，公式(3.1)中的 x、μ 变成了高维向量，σ^2 也变成了协方差矩阵，σ 变成协方差矩阵行列式的开方。

$$p(x)=\frac{1}{(2\pi)^{D/2}\ |\Sigma|^{1/2}}\exp(-1/2(x-\mu)^{\mathrm{T}}\Sigma^{-1}(x-\mu)) \tag{3.2}$$

图 3.2 是程序 3.43 生成的一维标准正态分布，$\mu=0$，$\sigma=1$。第 8 行取区间$[\mu-3\sigma,\mu+3\sigma]$平均分布的 51 个点作为随机变量的 x 的值；第 9 行是计算这些随机变量高斯分布的概率值；第 10 行是根据随机变量的值和对应的概率绘图；第 13 行设置的字体可以有多种，如黑体、宋体、楷体等。

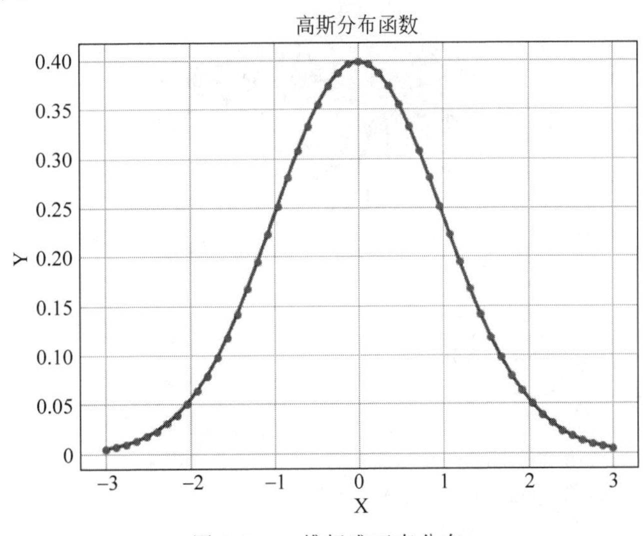

图 3.2　一维标准正态分布

```
#程序 3.43  一维标准正态分布
import math
import numpy as np
import matplotlib as mpl
import matplotlib.pyplot as plt
mu = 0                        #均值
sigma = 1                     #方差
x = np.linspace(mu - 3 * sigma, mu + 3 * sigma, 51)
y = np.exp( - (x - mu) ** 2/(2 * sigma ** 2))/(math.sqrt(2 * math.pi) * sigma)
plt.plot(x, y, 'r-', x, y, 'go', linewidth=2, markersize=4)  #画图
plt.xlabel('X')
plt.ylabel('Y')
mpl.rcParams['font.sans-serif'] = 'SimHei'  #FangSong/黑体 FangSong/KaiTi 也行
mpl.rcParams['axes.unicode_minus'] = False
plt.title(u'高斯分布函数', fontsize=10)
plt.grid(True)
plt.show()
```

二维标准正态分布的三维图形如图 3.3 所示，由程序 3.44 生成。其中，第 6 行是调用 NumPy 模块中的函数生成二维随机变量的值，这些值是区间[－3,3]内平均分布的 100 个点；第 7 行输出的形状显示返回的 **x** 是一个列向量；第 8 行输出的形状显示返回的 **y** 是一个行向量；第 9 行是计算二维随机变量高斯分布的概率；第 11 行是准备绘制三维图形；第 12 行利用 surface()函数绘制三维图形。

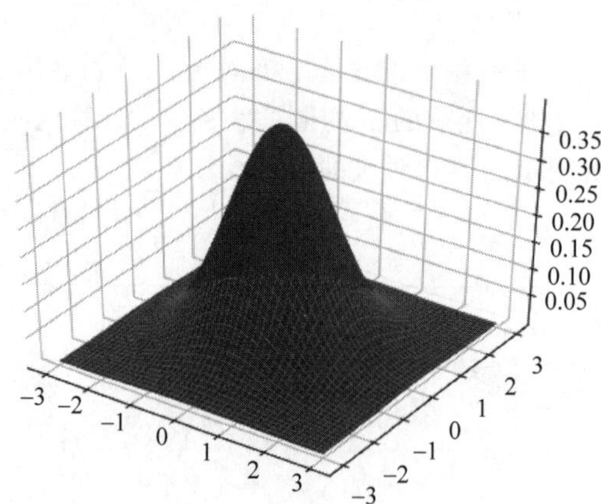

图 3.3 二维标准正态分布的三维图形

```
1   #程序 3.44  二维标准正态分布
2   import math
3   import numpy as np
4   import matplotlib.pyplot as plt
5   from mpl_toolkits.mplot3d import Axes3D
```

```
x, y = np.ogrid[-3:3:100j, -3:3:100j]                    #生成二维平面上的坐标点
print(x.shape)
print(y.shape)
z = np.exp(-(x**2 + y**2)/2) / math.sqrt(2*math.pi) #二元高斯分布
fig = plt.figure()
ax = fig.add_subplot(111, projection='3d')
ax.plot_surface(x, y, z)
plt.show()
```

输出结果：

```
(100, 1)
(1, 100)
```

3.7.3 中心极限定理

视频 8

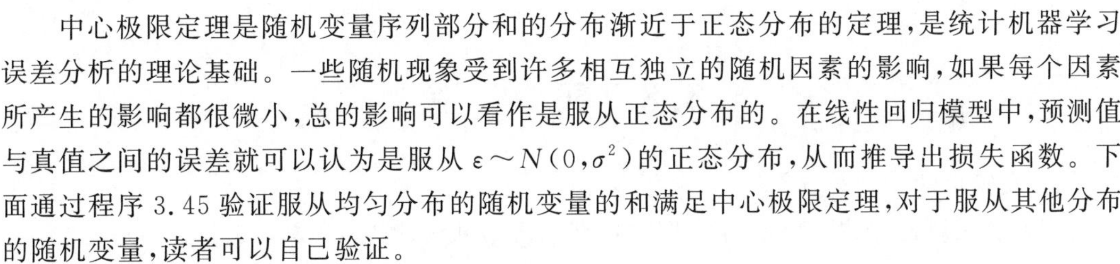
中心极限定理是随机变量序列部分和的分布渐近于正态分布的定理，是统计机器学习误差分析的理论基础。一些随机现象受到许多相互独立的随机因素的影响，如果每个因素所产生的影响都很微小，总的影响可以看作是服从正态分布的。在线性回归模型中，预测值与真值之间的误差就可以认为是服从 $\varepsilon \sim N(0,\sigma^2)$ 的正态分布，从而推导出损失函数。下面通过程序 3.45 验证服从均匀分布的随机变量的和满足中心极限定理，对于服从其他分布的随机变量，读者可以自己验证。

```
#程序 3.45  均匀分布的中心极限定理
import numpy as np
import matplotlib.pyplot as plt
import matplotlib
from scipy.stats import norm
x = np.random.random(10000)                          #生成均匀分布的随机变量
plt.subplot(121)
plt.hist(x,30,edgecolor='k',color='g')               #直方图
matplotlib.rcParams['font.sans-serif'] = 'simhei'
plt.title('均匀分布的随机变量',fontsize=11)
for i in range(1000):                                #生成 1000 个随机变量并求和
    x += np.random.random(10000)
plt.subplot(122)
gx = plt.hist(x/1000,30,edgecolor='k',color='g',density=True)[1]
gy = norm.pdf(gx,loc=0.5,scale=0.01)                 #与自动生成的高斯分布做对比
plt.plot(gx,gy,'r-o')
plt.title('1000 个均匀分布的随机变量和的分布',fontsize=11)
plt.show()
```

图 3.4 是程序 3.45 输出的图形，从图 3.4(b)中的直方图可以看出，均分分布的随机变量的和的分布集中在 0.5 两边的区域内，与生成的正态分布非常近似。

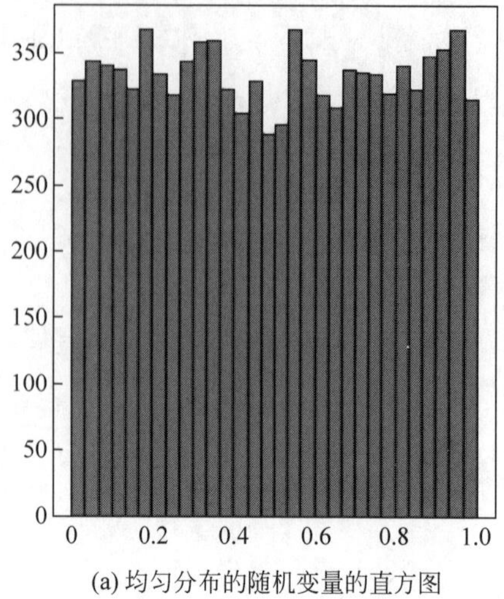

(a) 均匀分布的随机变量的直方图

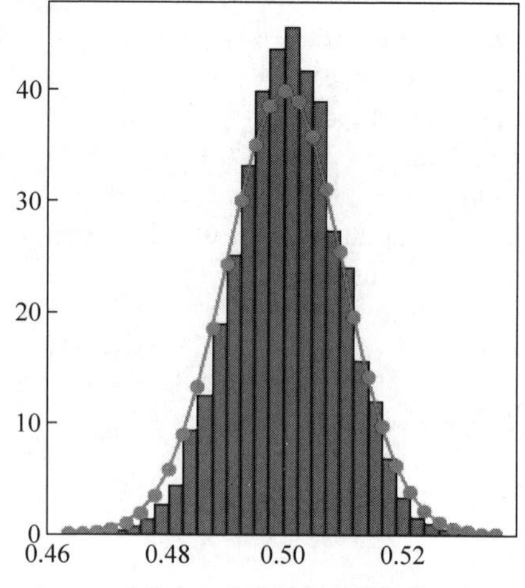

(b) 1000个均匀分布的随机变量和的分布图

图 3.4　均匀分布的随机变量和 1000 个均匀分布的随机变量和的分布图

3.8 实　　验

1. 实验目的

(1) 掌握列表、元组、字典、集合四种数据结构的创建、删除、更新等方法。

(2) 掌握列表、元组、字典、集合四种数据结构的区别和联系。

(3) 掌握序列解包和封包的形式及用法。

2. 实验内容

(1) 编写 Python 程序计算无理数圆周率 π 和自然对数的底 e。这两个看似毫不相干的无理数却可以通过欧拉公式统一起来。欧拉公式堪称数学上最完美的公式,也有人称式(3.3)是“上帝创造的公式”。

$$e^{i\pi}+1=0 \tag{3.3}$$

计算圆周率有多种方法,这里给出两种,即蒙特卡罗方法和级数求解。蒙特卡罗方法也称随机方法。假设有一个边长为 2 的正方形,则正方形的面积为 4,内切圆的面积就是 π,如图 3.5 所示。利用随机方法生成二维坐标点,坐标点的坐标值在 0 到 +1 之间,统计坐标点离圆心距离为 1 的点的个数,除以总共生成的点数,再乘以 4,就近似圆周率 π。

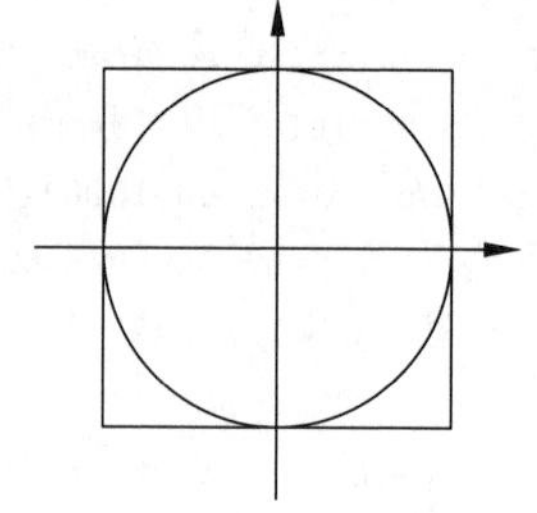

图 3.5　蒙特卡罗方法计算圆周率

使用蒙特卡罗方法计算圆周率,参考程序 3.46。

```
#程序 3.46　蒙特卡罗方法计算圆周率
times = 100000
for i in range(times):
    x = random()                    #默认生成[0,1)内的随机数
    y = random()
```

```
    if x * x + y * y <= 1:
        counts += 1
print('落入坐标轴第一象限的点数:',counts)
print('圆周率近似值:',4.0 * counts/times)
```

利用公式求圆周率：

$$\pi^2 = 6 \times \sum_{i=1}^{n} 1/i^2 \tag{3.4}$$

利用公式求解圆周率，参见程序 3.47。

```
#程序 3.47  依公式(3.4)求解圆周率
a = list(range(1,1000000))
b = [1/x ** 2 for x in a]                #列表推导式求公式(3.4)中的一项
print((6 * sum(b)) ** 0.5)
```

自然对数的底的计算公式：

$$e = 1 + 1 + \frac{1}{2!} + \cdots + \frac{1}{n!} \tag{3.5}$$

自然对数底求解，参见程序 3.48。其中，第 5 行 reduce()函数内的第一个参数是一个函数，这里用 lambda 表达式来代替。后面章节还会讨论 lambda 表达式，它本身就是一个没有名字的函数。第 5 行的 lambda 表达式实现的是乘积运算。

```
1  #程序 3.48  依公式(3.5)计算自然对数的底
2  from functools import reduce
3  a = []
4  for i in range(2,10):
5      a.append(1/reduce(lambda x,y:x * y,list(range(1,i))))
6  print(sum(a) + 1)
```

(2) 理解圆周率和自然对数底的计算公式，尝试利用其他函数或方法编写替代的程序求解。

(3) 参考教材 3.7 节编写 Python 程序，画出服从泊松分布的随机变量的概率分布图，及其和的分布图形，验证中心极限定理。

(4) 根据每一步的结果写出实验报告。

本章小结

Python 数据结构也是 Python 的内置对象，数据结构是对所处理的数据做有效的组织，在此基础上可以方便处理。Python 主要提供 list、tuple、dict、set 等重要的数据结构。本章给出这几种数据结构的创建、删除、访问以及常用的方法，在编写程序时要善于利用这些数据结构解决实际问题。

习　题

一、选择题

1. 关于列表,下面描述不正确的是(　　)。

A. 元素类型可以不同　　B. 长度没有限制

C. 必须按顺序插入元素　　D. 支持 in 运算符

2. 下列方法仅适用于列表,而不适用于字符串的是(　　)。

A. count()　　B. sort()　　C. find()　　D. index()

3. 下列程序的输出结果是(　　)。

```
a = [10,20,30]
print(a * 2)
```

A. [10,20,30,10,20,30]　　B. [20,40,60]

C. [11,22,33]　　D. [10,20,30]

4. 表达式(12,34,56)+(78)的结果是(　　)。

A. (12,34,56,(78))　　B. (12,34,56,78)

C. [12,34,56,78]　　D. 程序出错

5. 下列程序的输出结果是(　　)。

```
sum = 0
for i in range(10):
    sum += i
print(sum)
```

A. 0　　B. 45　　C. 10　　D. 55

6. 关于元组数据结构,下面描述正确的是(　　)。

A. 支持 in 运算符　　B. 所有元素数据类型必须相同

C. 插入的新元素放在最后　　D. 元组不支持切片操作

7. 元组和列表都支持的方法是(　　)。

A. extend()　　B. append()　　C. index()　　D. remove()

8. 在字典中查找一个键和查找一个值,哪个速度快?(　　)

A. 同样快　　B. 值　　C. 键　　D. 无法比较

9. 下列语句的执行结果为(　　)。

```
{1,2,3}&{3,4,5}
```

A. {3}　　B. {1,2,3,4,5}　　C. {1,2,3,3,4,5}　　D. 程序出错

10. 下列语句哪个不能创建一个字典?(　　)

A. {}　　B. dict(zip([1,2,3],[4,5,6]))

C. dict([(1,4),(2,5),(3,6)])　　D. {1,2,3}

二、填空题

1. 下列程序输出结果是________。

```
a = [10,20,30]
b=a
b[1]=40
print(a[1])
```

2. 下列程序输出结果是________。

```
[n*n for n inrange(6) if n*n%2==1]
```

三、程序与简答题

1. 为什么尽量从列表的尾部进行元素的增加与删除操作?

2. range()函数返回的是什么结构?

3. 编写程序生成1000个0～100之间的随机整数,统计每个元素出现次数。提示:借助字典结构。

4. 写出使用列表推导式生成包含10个数字5的列表的语句。

5. 假设有一个列表a,要求从a中每3个元素取1个,将取到的元素组成新的列表b,试写出语句。

6. 编写程序生成20个随机数的列表,将前10个元素升序排列,后10个元素降序排列,输出结果。

7. 列表对象的sort()方法用来对列表元素进行原地排序,该函数返回值是什么结构?

第4章 程序结构

数据有结构，程序也有结构，程序结构也称程序控制结构。这是任何一门编程语言甚至任何一门语言都必须有的，只不过形式和语法略有不同。在自然语言中，也会存在一些转折、递进等关系的语句来适应表达的需要。在编程语言中普遍存在的程序结构有顺序、分支、循环结构。特别是循环结构的重要性尤为突出，计算机区别于人类的关键一点就是计算机能够快速地不知疲倦地执行循环。利用分治策略将复杂的任务分解为小任务让计算机循环执行，从而完成一个复杂的任务。

Python 语言也不例外，提供顺序、分支和循环三种程序结构。顺序结构没有特殊的语法形式，只要程序从上到下顺序编写，逐行执行就是顺序结构。本章主要讨论分支和循环两种结构的语法形式和应用。

4.1 条件表达式

在分支和循环结构中，都是依据不同的条件表达式的值判定是跳转还是继续循环，所以有必要先阐述一下条件表达式。在 Python 语言中，条件表达式的值只要不是 False、0(或0.0、0j 等)、空值 None、空列表、空元组、空集合、空字典、空字符串、空 range 对象或其他空迭代对象，Python 解释器均认为与 True 等价。

1. 关系运算符

Python 中的关系运算符可以连续使用，这样不仅可以减少代码量，也比较符合人类的思维方式，参考程序 4.1。

```
#程序4.1  关系运算符
print('1<2<3 =',1<2<3)            #等价于1<2 and 2<3
print('1<2>3 =',1<2>3)
print('1<3>2 =',1<3>2)
```

输出结果：

```
1<2<3 = True
1<2>3 = False
1<3>2 = True
```

在 Python 语法中，条件表达式中不允许使用赋值运算符“=”，避免了误将关系运算符

“==”写作赋值运算符“=”带来的麻烦。在条件表达式中使用赋值运算符“=”将抛出异常,提示语法错误,参考程序 4.2。

```
#程序 4.2  条件表达式含赋值运算符 =
a = 3
if a = 3:                    #条件表达式中不允许使用赋值运算符
    print(True)
```

输出结果:

```
SyntaxError: invalid syntax
```

2. 逻辑运算符

逻辑运算符 and 和 or 具有短路求值或惰性求值的特点,可能不会对所有表达式进行求值,而是只计算必须计算的表达式的值。以 and 为例,对于表达式“表达式 1 and 表达式 2”而言,如果“表达式 1”的值为 False 或其他等价值时,不论“表达式 2”的值是什么,整个表达式的值都是 False,丝毫不受“表达式 2”的影响,因此“表达式 2”不会被计算,参考程序 4.3。

```
#程序 4.3  逻辑运算符
print('3 and 5 = ',3 and 5)
print('3 or 5 = ',3 or 5)
print('0 and 5 = ',0 and 5)
print('0 or 5 = ',0 or 5)
print('not 3 = ',not 3)
print('not 0 = ',not 0)
```

输出结果:

```
3 and 5 = 5
3 or 5 = 3
0 and 5 = 0
0 or 5 = 5
not 3 = False
not 0 = True
```

4.2 分支结构

常见的选择结构有单分支选择结构、双分支选择结构、多分支选择结构以及嵌套的分支结构,也可以构造跳转表来实现类似的逻辑。循环结构和异常处理结构中也可以带有 else 子句,可以看作是特殊形式的选择结构。

4.2.1 单分支结构

单分支结构的语法为:

```
if 表达式:
    语句块
```

单分支结构的流程图如图 4.1 所示，只有条件表达式的值为 True 时才会执行语句块，否则跳转到语句块的下一条语句继续往下执行。单分支结构是最简单的一种分支结构，这种程序结构在所有的高级语言中是一致的，连形式都没有太大的差别。因此，可以举一反三，如果有了其他高级语言的基础，可以直接类比学习。

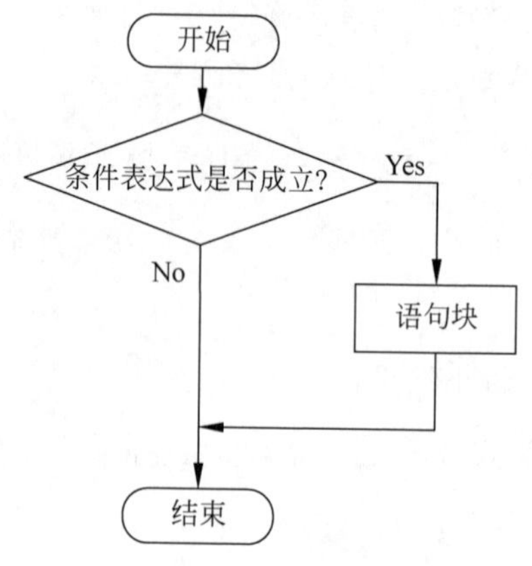

图 4.1　单分支结构流程图

程序 4.4 演示的是单分支结构，if 语句只有一个分支。其中，第 3 行实现的是 3 个过程，第 1 个过程将输入的字符串按照空格分隔成两个字符串的列表，第 2 个过程通过 map() 函数将列表中的每个字符串转换成整型，第 3 个过程是将列表序列解包赋给两个变量 a、b，3 个任务用一行语句解决，足见 Python 语言的简洁和高效；第 5 行是交换两个变量的值，这种交换变量值的方式也是非常奇特，在其他高级语言中需要一个中间变量作为桥梁，才能完成变量值的交换，这也是 Python 语言的神奇之处。

```
1  #程序 4.4　单分支结构
2  x = input('请输入两个数字：')          #默认以空格分隔两个数字
3  a, b = map(int, x.split())
4  if a > b:
5      a, b = b, a                        #交换两个变量的值
6  print(a, b)
```

输出结果：

```
请输入两个数字:66 34
34 66
```

4.2.2　双分支结构

双分支结构的语法为：

```
if 表达式:
    语句块 1
else:
    语句块 2
```

双分支结构的流程图如图 4.2 所示，不管条件表达式是否成立，都有对应的语句块执行。

程序 4.5 演示的是双分支结构。其中，第 3 行的条件表达式是输入为合法月份的情况；第 5 行是输入非法月份的情况。

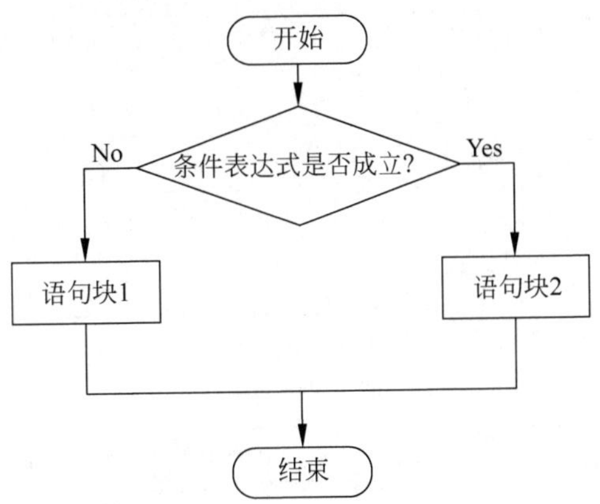

图 4.2　双分支结构流程图

```
#程序 4.5　双分支结构
month = int(input('month:'))
if 0 < month <= 12:
    print('month is valid')
else:
    print('data error')
```

输出结果：

```
month:7
month is valid
```

Python 还提供了一个三元运算符，并且在三元运算符构成的表达式中还可以嵌套三元运算符，可以实现与分支结构相似的效果。语法为：

```
value1 if condition else value2
```

当条件表达式 condition 的值与 True 等价时，表达式的值为 value1，否则表达式的值为 value2。

4.2.3　多分支结构

多分支结构的语法为：

```
if 表达式 1:
    语句块 1
elif 表达式 2:
    语句块 2
elif 表达式 3:
    语句块 3
else:
    语句块 4
```

多分支结构的流程图如图 4.3 所示。

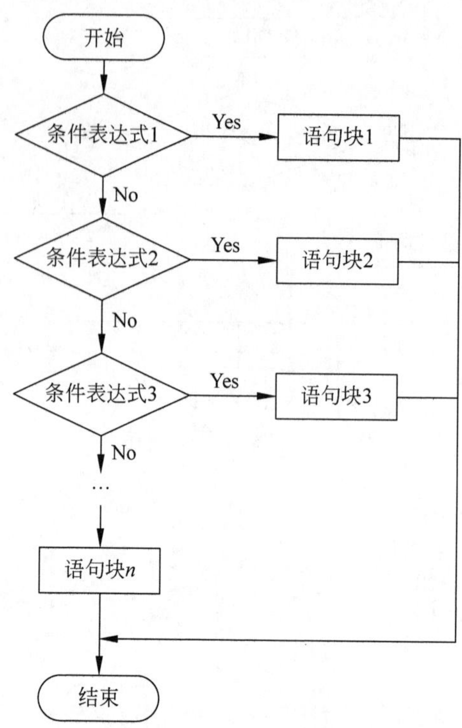

图 4.3　多分支结构流程图

其中，关键字 elif 是 else if 的缩写。程序 4.6 利用多分支结构将百分制成绩换算成等级制，成绩在区间[90，100]的为 A 等级，在区间[80，90)的为 B 等级，在区间[70，80)的为 C 等级，在区间[60，70)的为 D 等级，成绩在 60 以下的为 E 等级。

```
#程序 4.6　多分支结构将百分制成绩换算成等级制
score = eval(input('考试分数为：'))
if score > 100 or score < 0：
    print('分数必须在 0 和 100 之间.')
elif score >= 90：
    print('A')
elif score >= 80：
    print('B')
elif score >= 70：
    print('C')
elif score >= 60：
    print('D')
else：
    print('E')
```

输出结果：

```
考试分数为：78
C
```

4.2.4 分支嵌套结构

分支嵌套结构的语法为：

```
if 表达式 1:
    语句块 1
    if 表达式 2:
        语句块 2
    else:
        语句块 3
else:
    if 表达式 4:
        语句块 4
```

程序 4.7 利用分支嵌套结构将百分制成绩换算成等级制，实现的功能和程序 4.6 相似，但是用了另一种巧妙的实现方式，事先准备好等级字符串，利用整除结果作为索引取字符串的字符。相比较程序 4.6 那种直接翻译式，程序 4.7 可以算是花样实现。

```
#程序 4.7  分支嵌套结构将百分制成绩换算成等级制
score = eval(input('考试分数为：'))
degree = 'DCBAAE'
if score > 100 or score < 0:
    print('分数必须在 0 和 100 之间.')
else:
    index = (score - 60) // 10                #巧妙的将整除的结果作为列表索引
    if index >= 0:
        print(degree[index])
    else:
        print(degree[-1])
```

输出结果：

```
考试分数为: 96
A
```

4.3 循环结构

Python 主要有 for 循环语句和 while 循环语句两种形式的循环结构，多个循环可以嵌套使用，并且还经常和选择结构嵌套使用来实现复杂的业务逻辑。

while 循环语句一般用于循环次数难以提前确定的情况，当然也可以用于循环次数确定的情况；for 循环语句一般用于循环次数可以提前确定的情况，尤其适用于枚举或遍历序列或迭代对象中元素的场合。

对于带有 else 子句的循环结构，如果循环是因为条件表达式不成立或序列遍历结束而自然结束则执行 else 结构中的语句；如果循环是因为执行了 break 语句而导致循环提前结束则不会执行 else 中的语句。

4.3.1 for 循环语句与 while 循环语句

for 循环语句和 while 循环语句的格式中,迭代变量用于存放从序列类型变量中读取出来的元素,所以一般不会在循环中对迭代变量手动赋值;代码块指的是具有相同缩进格式的多行代码(和 while 循环语句一样),由于和循环结构联用,因此代码块又称为循环体。

for 循环结构的语法形式为:

```
for 取值 in 序列或迭代对象:
    循环体
[else:
    else 子句代码块]
```

while 循环结构的语法形式为:

```
while 条件表达式:
    循环体
[else:
    else 子句代码块]
```

while 循环结构的流程图如图 4.4 所示。

程序 4.8 使用 for 循环结构遍历并输出列表中的所有元素。其中,第 3 行的枚举函数 enumerate()返回的是列表的索引和值的元组。

```
1  #程序 4.8  for 循环结构遍历列表
2  lst = ['numpy', 'matplotlib', 'os', 'sys']
3  for i, v in enumerate(lst):
4      print('列表的第', i+1, '个元素是:', v)
```

输出结果:

```
列表的第 1 个元素是: numpy
列表的第 2 个元素是: matplotlib
列表的第 3 个元素是: os
列表的第 4 个元素是: sys
```

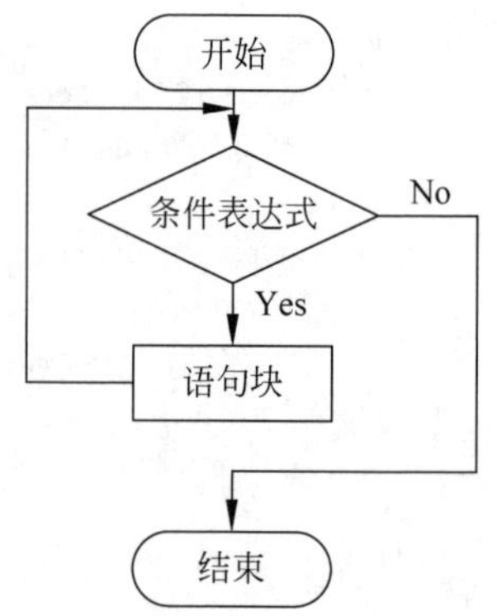

图 4.4 while 循环结构流程图

程序 4.9 使用嵌套的循环结构打印九九乘法表,这是经典的二重循环的案例,任何语言都有这道例题。其中,第 4 行格式化打印,花括号内的数字是 format()函数内的参数的索引,0 对应 i,1 对应 j,2 对应的 i 和 j 的乘积;第 5 行在内层循环结束时,也就是一行打印完毕时换行。

```
1  #程序 4.9  嵌套循环结构打印九九乘法表
2  for i in range(1, 10):
3      for j in range(1, i+1):
4          print('{0} * {1} = {2}'.format(i,j,i*j), end=' ')    #格式化输出字符
5      print()                                                  #打印空行
```

输出结果:

```
1 * 1 = 1
2 * 1 = 2   2 * 2 = 4
3 * 1 = 3   3 * 2 = 6   3 * 3 = 9
4 * 1 = 4   4 * 2 = 8   4 * 3 = 12   4 * 4 = 16
5 * 1 = 5   5 * 2 = 10   5 * 3 = 15   5 * 4 = 20   5 * 5 = 25
6 * 1 = 6   6 * 2 = 12   6 * 3 = 18   6 * 4 = 24   6 * 5 = 30   6 * 6 = 36
7 * 1 = 7   7 * 2 = 14   7 * 3 = 21   7 * 4 = 28   7 * 5 = 35   7 * 6 = 42   7 * 7 = 49
8 * 1 = 8   8 * 2 = 16   8 * 3 = 24   8 * 4 = 32   8 * 5 = 40   8 * 6 = 48   8 * 7 = 56   8 * 8 = 64
9 * 1 = 9   9 * 2 = 18   9 * 3 = 27   9 * 4 = 36   9 * 5 = 45   9 * 6 = 54   9 * 7 = 63   9 * 8 = 72   9 * 9 = 81
```

4.3.2 break 语句与 continue 语句

一旦 break 语句被执行，将使得 break 语句所属层次的循环提前结束。continue 语句的作用是提前结束本次循环，忽略 continue 之后的所有语句，提前进入下一次循环。

程序 4.10 中输入若干成绩，求所有成绩的平均分。每输入一个成绩后询问是否继续输入下一个成绩，回答"yes"就继续输入下一个成绩，回答"no"就停止输入成绩。其中，第 3 行是一个无限循环也称死循环，只要循环体内的条件满足可以无限制地执行；第 11 行在判断字符串是否为 y 或者 n 之前先将输入的字符串变成小写，这样保证了即使用户输入大写的 Y、N，程序也能识别；第 14 行的 break 语句是在用户输入 y 时结束内层的 while 循环，内层循环在用户输入非法的情况下才会一直循环执行；第 16 行的 break 语句是用户不再输入成绩时结束外层循环，进入第 17 行计算平均值。

```
1   #程序 4.10  计算输入成绩的平均分
2   numbers = []                                    #使用列表存放临时数据
3   while True:
4       x = input('请输入一个成绩:')
5       try:                                        #异常处理结构,不至于使程序崩溃
6           numbers.append(float(x))
7       except:
8           print('不是合法成绩')
9       while True:
10          flag = input('继续输入吗? (y/n)')
11          if flag.lower() not in ('y', 'n'):      #限定用户输入内容必须为 y 或 n
12              print('只能输入 y 或 n')
13          else:
14              break
15      if flag.lower() == 'n':
16          break
17  print('平均分为:',sum(numbers)/len(numbers))
```

输出结果：

```
请输入一个成绩:y
不是合法成绩
继续输入吗?(y/n)y
请输入一个成绩:98
继续输入吗?(y/n)n
平均分为: 98.0
```

程序 4.11 的代码实现了输出由星号“ * ”组成的菱形图案，并且可以灵活控制图案的大小。其中，第 3 行中的变量 i 从 0～3 变化，但是 i=0 时没有输出，实际是从 i=1 才开始输出，这样打印图形的前面三行；第 5 行中变量 i 从 4 变化到 1 对应着图形中的下方 4 行。

```
1  #程序 4.11  输出菱形图案
2  n = 4                                        #菱形的边长
3  for i in range(n):
4      print((' * ' * i).center(n * 3))          #一行 12 个字符，居中输出
5  for i in range(n, 0, -1):                    #打印菱形的下方三角
6      print((' * ' * i).center(n * 3))
```

输出结果：

```
     *
   *  *
  *  *  *
*  *  *  *
  *  *  *
   *  *
     *
```

视频 9

4.4 机器学习中的优化计算

循环结构在机器学习算法中最典型的应用之一是迭代计算，依次循环每一个样本，逼近求解模型参数。

机器学习第三步训练数据，在假定数据 x 与 y 之间的函数关系就可以选定一个模型描述，也就确定了损失函数，或称目标函数 $J(\theta)$，接下来计算求解参数 θ，常用的一种方法是梯度下降。梯度在数学上是多元函数的一阶偏导数构成的向量。某一点上梯度的方向是该点函数变化最快的方向。梯度下降方法的原理是沿着目标函数的梯度方向搜索最优解 θ^*。搜索最优解的过程中，移动的幅度过大容易引起振荡，过小则会延长搜索的时间。为了控制搜索的幅度，会设定一个适中的步长 α，这是一个超参数，一般通过经验事先给出，或者通过开发集训练选取一个合适的 α，这里会直接给出它的值。

$$\theta_j := \theta_j - \alpha \frac{\partial}{\partial \theta_j} J(\boldsymbol{\theta}) j = 0, \cdots n \tag{4.1}$$

$$\begin{aligned}\frac{\partial}{\partial \theta_j} J(\boldsymbol{\theta}) &= \frac{\partial}{\partial \theta_j} \frac{1}{2} \sum_{i=1}^{m} (y^{(i)} - \boldsymbol{\theta}^{\mathrm{T}} x^{(i)})^2 \\ &= \sum_{i=1}^{m} 2 \cdot \frac{1}{2} (y^{(i)} - \boldsymbol{\theta}^{\mathrm{T}} x^{(i)}) \cdot \frac{\partial}{\partial \theta_j} (y^{(i)} - \boldsymbol{\theta}^{\mathrm{T}} x^{(i)}) \\ &= \sum_{i=1}^{m} (y^{(i)} - \boldsymbol{\theta}^{\mathrm{T}} x^{(i)})(-x_j^{(i)})\end{aligned} \tag{4.2}$$

$$\theta_j := \theta_j + \alpha \sum_{i=1}^{m} (y^{(i)} - \boldsymbol{\theta}^{\mathrm{T}} x^{(i)}) x_j^{(i)} \tag{4.3}$$

式(4.1)中，$\boldsymbol{\theta}$ 是一个向量，θ_j 是 $\boldsymbol{\theta}$ 的第 j 个维度。式(4.2)是以第 1.7.2 节中的线性回归模型式(1.3)目标函数为例的梯度推导过程。式(4.3)是线性回归模型梯度下降算法的参

数更新规则。程序 4.12 实现的是随机梯度下降算法计算线性函数的参数，这里的训练样本是随机函数生成的 $y=2+3x+\varepsilon$，参数的真值$\boldsymbol{\theta}=[2,3]$是一个向量，可以进一步调整步长，或者迭代次数，得到更加精确的结果。其中，第 8 行将所有样本堆叠成设计矩阵的格式，矩阵的每一行是一个样本，形式如[1, x]，一共 101 个样本对应着矩阵有 101 行；$\boldsymbol{\theta}$ 向量第 1 个分量是截距，第 2 个分量是系数；第 10 行是让算法执行 1000 趟；第 11 行～第 13 行就是随机梯度下降算法；第 13 行是核心的参数更新规则，计算得到的$\boldsymbol{\theta}$ 值和真实接近；第 15 行用一条语句绘制两种图形，第 1 种是原始原本的散点图，第 2 种是利用学习得到的$\boldsymbol{\theta}$ 值预测训练样本得到预测值的直线，绘制如图 4.5 所示的图形。

```
1   #程序 4.12  随机梯度下降算法计算线性函数的系数
2   import numpy as np
3   import matplotlib.pyplot as plt
4   m = 101
5   np.random.seed(100)
6   x = np.linspace(1,10,m)                          #生成 x 的值
7   y = 3 * x + 2 + np.random.randn(m)               #生成与 x 线性关系的 y
8   X = np.vstack((np.ones(m),x)).transpose()        #整理数据为设计矩阵的形式
9   theta = [0,0]                                    #参数初始化
10  for k in range(1000):                            #循环 1000 趟
11      for i in range(m):                           #每次循环计算 m 个样本
12          for j in range(2):                       #每个样本计算两个维度的参数值
13              theta[j] += 0.001 * (y[i] - theta@X[i]) * X[i][j]  #更新参数
14  print('参数 theta 为:',theta)
15  plt.plot(x,y,'ro',x,theta[1] * x + theta[0],'g')
16  plt.show()
```

输出结果：

```
参数 theta 为: [2.165361961936975, 2.944368866801392]
```

图 4.5 中，散点代表原始样本基本在预测的直线上下小范围波动。随机梯度算法在每次迭代时直接使用一个样本来对参数进行更新，使得训练速度加快。如果改变一下循环的次序，变成程序 4.13，就是批量梯度下降算法。输出的结果和图形与程序 4.12 相似。

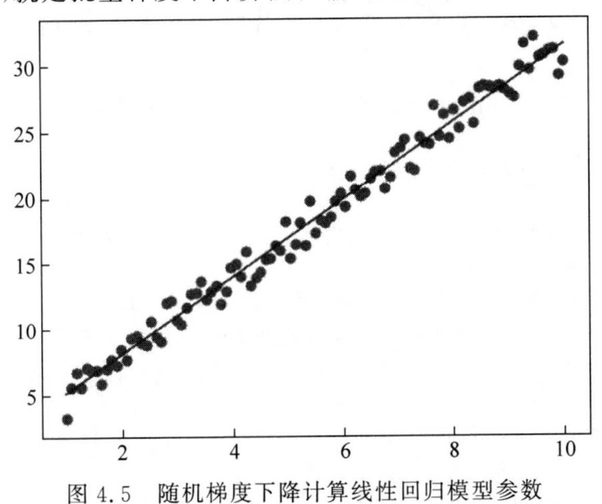

图 4.5　随机梯度下降计算线性回归模型参数

```
#程序 4.13  批量梯度下降算法
import numpy as np
import matplotlib.pyplot as plt
m = 101
np.random.seed(100)
x = np.linspace(1,10,m)
y = 3 * x + 2 + np.random.randn(m)
X = np.vstack((np.ones(m),x)).transpose()
theta = [0,0]
for k in range(1000):
    for j in range(2):
        tidu = 0
        for i in range(m):                          #每次更新都批量计算 m 个样本
            tidu += (y[i] - theta@X[i]) * X[i][j]
        theta[j] += 0.0005 * tidu
print('参数 theta 为:',theta)
plt.plot(x,y,'ro',x,theta[1] * x + theta[0],'g')
plt.show()
```

输出结果：

```
参数 theta 为: [2.078088388324783, 2.9639779953074252]
```

所谓批量梯度下降，就是一次计算利用所有的训练样本更新参数**θ** 的一个维度。随机梯度下降和批量梯度下降算法中都用到了三重循环迭代计算，最外层的循环可以认为是趟数(epoch)，每一趟训练集的所有样本遍历一次。内部的二重循环依公式编写，有了这样的实践，对梯度下降学习算法就会有深入的理解。

4.5 实　验

1. 实验目的

(1) 掌握 Python 语言的程序结构分支与循环结构的基本语法。

(2) 掌握利用 Python 语言的数据结构和程序结构实现给定算法的方法。

2. 实验内容

(1) 编写 Python 程序，判断今天是今年的第几天，参考程序 4.14。

```
#程序 4.14  判断今天是当年的第几天
import time
date = time.localtime()                                    #获取当前日期时间
year, month, day = date[:3]
day_month = [31, 28, 31, 30, 31, 30, 31, 31, 30, 31, 30, 31]
if year % 400 == 0 or (year % 4 == 0 and year % 100! = 0): #判断是否为闰年
    day_month[1] = 29
if month == 1:
    print(day)
else:
    print(sum(day_month[:month - 1]) + day)
```

修改以上程序利用循环实现连续输入某年某月某日，判断这一天是这一年的第几天。

(2) 一个整数，加上 100 是一个完全平方数，再加上 268 又是一个完全平方数，编写 Python 程序计算该数是多少，参考程序 4.15。

```
#程序 4.15  求完全平方数
for x in range(1000):
    for y in range(1000):
        if x ** 2 - 100 == y ** 2 - 368:
            print(x ** 2 - 100)
            break
```

程序 4.15 利用了二重循环，效率并不高，请自行编写更加高效 Python 程序求解。

(3) 参考 4.4 节编写 Python 程序，实现二元线性回归模型 $y=3x_1+5x_2+8+\varepsilon$ 的随机梯度下降算法计算模型参数。

(4) 根据每一步的结果写出实验报告。

本章小结

本章介绍 Python 语言的程序结构，主要是分支和循环结构的不同语法形式和用法。至此，就掌握了 Python 语言的主要内容了，读者可以自信地应用 Python 语言编写程序解决实际问题，特别是算法的问题。基础语法、数据结构和程序结构构成了 Python 语言的最小系统，这三部分的内容解决的是能不能编写 Python 程序的问题。本书后续内容是解决能不能编写高质量 Python 程序和应用系统开发的问题。

习 题

一、选择题

1. 可以结束一个循环的保留字是(　　)。

   A. exit　　B. if　　C. break　　D. continue

2. 下面程序输出结果为(　　)。

```
x = 10
y = 20
if x > 10:
    if y > 20:
        z = x + y
        print('z is', z)
else:
    print('x is ', x)
```

   A. 没有输出　　B. 10　　C. 20　　D. 30

3. range(1,12,3)的值是(　　)。

   A. [1,4,7,10]　　B. [1,4,7,10,12]

C. [0,3,6,9]　　D. [0,3,6,9,12]

4. 若 k 为整型,则下面 while 循环执行的次数为(　　)。

```
k = 10
while(k >= 6):
    k = k - 1
```

A. 4　　B. 10　　C. 5　　D. 死循环

5. 下面程序输出结果为(　　)。

```
x = 0
while x < 6:
    if x % 2 == 0:
        continue
    if x == 4:
        break
    x += 1
print('x = ',x)
```

A. 1　　B. 4　　C. 6　　D. 死循环

6. 下面程序输出结果为(　　)。

```
y = 0
for i in range(0,10,2):
    y += i
print('y = ',y)
```

A. 0　　B. 10　　C. 20　　D. 30

二、填空题

1. 下面程序输出结果为__________。

```
num = 27
count = 0
while num > 0:
    if num % 2 == 0:
        num/ = 2
    elif num % 3 == 0:
        num/ = 3
    else:
        num -= 1
    count += 1
print(count)
```

2. 下面程序输出结果分别为____________。

```
max = 10
sum = 0
extra = 0
for num in range(1, max):
    if num % 2 and num % 3:
        sum += num
```

```
    else:
        extra += 1
print(sum)
```

三、程序与简答题

1. 由 1、2、3、4 这 4 个数字，能组成多少个互不相同且无重复数字的三位数？试编写 Python 程序求解。

2. 输入三个整数 x，y，z，编写程序把这三个数由小到大输出。分析：想办法把最小的数放到 x 上，先将 x 与 y 进行比较，如果 $x>y$ 则将 x 与 y 的值进行交换，再用 x 与 z 进行比较，如果 $x>z$ 则将 x 与 z 的值进行交换，这样能使 x 最小。

3. 打印出所有的“水仙花数”，所谓“水仙花数”是指一个三位数，其各个位的数字立方和等于该数本身。例如，153 是一个“水仙花数”，因为 $153=1^3+5^3+3^3$。分析：利用 for 循环控制 100～999 个数，每个数分解出个位，十位，百位。

4. 编写程序输出所有由 1、2、3、4 这 4 个数字组成的素数，并且每个素数中每个数字只使用 1 次。

5. 编写程序生成一个包含 30 个随机整数的列表，然后对其中偶数下标的元素记性降序排列，奇数下标的元素升序排列。分析：使用切片操作。

6. 编写程序，实现至少两种方法计算 100 以内的所有奇数之和。

7. 输入一行字符，编写程序分别统计其中英文字母、空格、数字和其他字符的个数。分析：利用 while 语句，条件为输入的字符不为\n。

第5章 函数及模块

函数是组织好的，可重复使用的，用来实现单一，或相关联功能的代码段。函数能提高应用的模块性和代码的重复利用率。可重用性是软件工程的重要理念，软件工程的目标之一就是要像生产硬件那样生产软件，实现零件化、组件化开发。Python 提供了许多内置函数，如 print()等。也可以自己创建函数，这叫作用户自定义函数。若干相关的函数集合写在一个 Python 文件中构成模块，若干模块文件保存在文件夹中构成包。本章介绍函数、模块和包的语法与用法。

5.1 函　　数

5.1.1 函数定义

利用以下语法形式定义一个函数：

```
def 函数名([参数列表]):
    '''注释'''
    函数体
```

函数代码块以 def 关键词开头，def 是单词 define 的缩写，这个单词的中文翻译是定义的意思，后接函数标识符名称和圆括号()。圆括号内可以用于定义参数，称为函数的形参。任何传入参数和自变量，称为实参，必须放在圆括号内。

函数的第一行语句可以选择性地使用文档字符串，用于存放函数说明。函数内容以冒号起始，并且缩进。

return [表达式] 结束函数，选择性地返回一个值给调用方。不带表达式的 return 相当于返回 None。在 Python 中，定义函数时不需要声明函数的返回值类型，函数返回值类型与 return 语句返回表达式的类型一致。不论 return 语句出现在函数的什么位置，一旦执行将直接结束函数的执行。

图 5.1 是计算斐波那契数列中小于参数 n 的值的函数。在定义该函数时，开头部分的注释不是必需的，但如果为函数的定义加上注释，可以为用户在调用该函数时提供友好的提示。一定要在函数调用之前定义函数，否则抛出异常。在面向对象程序设计的类中成员方法的定义和调用，不受该限制。

斐波那契数列(Fibonacci sequence)，又称黄金分割数列，因数学家莱昂纳多·斐波那契(Leonardoda Fibonacci)以兔子繁殖为例而引入，故又称“兔子数列”，其序列值如式(5.1)

递推。图 5.1 在函数体巧妙地利用循环代替递归函数实现斐波那契数列计算。

$$F(n)=\begin{cases}1, & n=1\\ 1, & n=2\\ F(n-1)+F(n-2), & n\geqslant 3\end{cases} \tag{5.1}$$

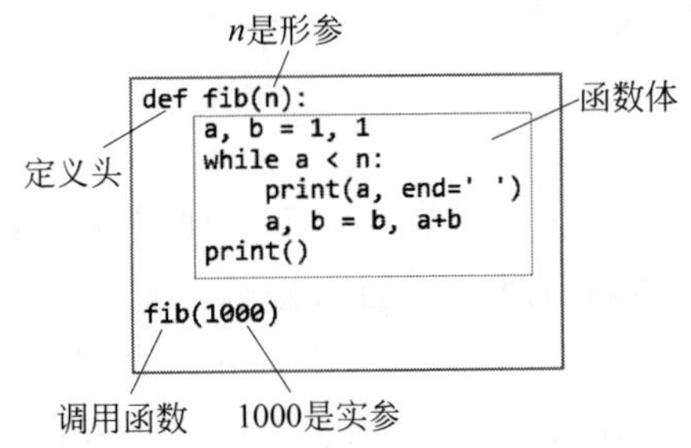

图 5.1　函数计算斐波那契数列中小于参数 n 的所有值

5.1.2　函数递归调用

函数的递归调用是函数调用的一种特殊情况，函数调用自己，自己再调用自己，……当某个条件得到满足时就不再调用了，然后逐层返回，到该函数第一次调用的位置。程序 5.1 就是依式(5.1)的递归方式实现斐波那契数列，第 6 行是在 $n>1$ 时，不断地调用自身。

```
1  #程序 5.1　依公式(5.1)递归实现斐波那契数列
2  def fib_recur(n):
3      assert n >= 0, "n > 0"
4      if n <= 1:
5          return n
6      return fib_recur(n-1) + fib_recur(n-2)
7  for i in range(1, 20):
8      print(fib_recur(i), end='')
```

输出结果：

```
1 1 2 3 5 8 13 21 34 55 89 144 233 377 610 987 1597 2584 4181
```

程序 5.2 使用函数递归调用实现序列求和。其中，第 6 行调用了自身，参数是 $n-1$，每次调用参数都递减，直到参数变成 1，第 6 行就变成了 $n+n-1+n-2+\cdots+1$，同样实现了序列求和。

```
1  #程序 5.2　递归函数对序列求和
2  def my_sum(n):
3      if n == 1:
4          return n
5      else:
6          return n + my_sum(n-1)
7  print(my_sum(10))
```

输出结果：

```
55
```

每次调用函数必须记住离开时的位置才能保证函数运行结束以后回到正确的位置，这个过程称为保存现场，这需要一定的栈空间。调用一个函数时会为该函数分配一个栈存放普通参数和函数内部局部变量的值，这个栈会在函数调用结束自动释放。在函数递归调用的过程中，一个函数执行尚未结束又调用自己，原来的栈还没有释放又分配了新的栈，这会占用大量的内存空间。所以递归调用不宜太深，否则可能导致栈空间不足而使程序崩溃。

5.1.3 函数参数

函数定义时圆括号内是使用逗号分隔开的形参列表(parameter)，函数可以有多个参数，也可以没有参数，但定义和调用时一对圆括号必须有，表示这是一个函数并且不接收参数。

调用函数时向其传递实参(argument)，根据不同的参数类型，将实参的引用传递给形参。定义函数时不需要声明参数类型，解释器会根据实参的类型自动推断形参类型，在一定程度上类似于函数重载和泛型函数的功能。

1. 参数传递

参数的传递与其他高级语言类似，分为值传递和序列类型传递。当把一个基本数据类型的实参传递给函数的形参时，函数内部发生的对形参的改变不会影响实参。当实参是序列类型的数据结构时，函数内部对序列元素的改变会影响实参。这种传递方式类似 C 语言的指针参数传递或者 C++语言的引用传递，在 Java 语言中则是对象参数传递。

对于基本数据类型的变量在参数传递时，函数内部直接修改形参的值不会影响实参。程序 5.3 演示的是基本数据类型参数的传递方式。

```
#程序 5.3  基本数据类型参数传递
def addOne(a):
    print('a 的初始地址:',id(a), 'a 的值为:', a)
    a += 1
    print('a 的新地址:',id(a), 'a 的新值为:', a)
v = 3
print('v 的初始地址:',id(v))            #v 与 a 的地址相同
addOne(v)
print('v 的值不变:',v)                  #形参的值发生改变,实参不变
print('v 的地址不变:',id(v))
```

输出结果：

```
v 的初始地址: 140712111940048
a 的初始地址: 140712111940048 a 的值为: 3
a 的新地址: 140712111940080   a 的新值为: 4
v 的值不变: 3
v 的地址不变: 140712111940048
```

如果传递给函数的实参是可变序列，并且在函数内部使用下标或可变序列自身的方法增加、删除元素或修改元素时，实参也得到了相应的修改。程序 5.4 演示的是函数序列结构参数的传递方式。

```
#程序 5.4  函数序列结构参数传递
def modify(d):                  #修改字典元素值或为字典增加元素
    d['age'] = 38
a = {'name':'Yang', 'age':41}
print('初始值:',a)
modify(a)
print('修改后:',a)
```

输出结果：

```
初始值: {'name': 'Yang', 'age': 41}
修改后: {'name': 'Yang', 'age': 38}
```

2. 位置参数

位置参数(positional argument)是比较常用的形式，调用函数时实参和形参的顺序必须严格一致，并且实参和形参的数量必须相同。程序 5.5 中，第 5 行调用 position()函数时传递了两个实参，但是该函数有 3 个形参，因此在执行该语句时抛出异常。异常的提示是类型错误，position()函数缺少一个必需的位置参数 c。无论用哪种语言编写程序，都要耐心地阅读编译器给出的提示信息。这些信息为程序员快速精准地找到程序的错误位置和错误的原因提供了很多帮助，这也是程序员应具备的基本素质。

```
1  #程序 5.5  位置参数
2  def position(a, b, c):
3      print(a, b, c)
4  position(3,4,5)          #按位置传递参数
5  position(7,8)            #抛出异常
```

输出结果：

```
3 4 5
TypeError:position() missing 1 required positional argument: 'c'
```

3. 默认值参数

在定义函数时可以为形参设置默认值，在调用带有默认值参数的函数时，可以不用为设置了默认值的形参进行传值，函数会直接使用函数定义时设置的默认值，也可以通过显式赋值替换默认值。也就是说，在调用函数时是否为默认值参数传递实参是可选的。需要注意的是，在定义带有默认值参数的函数时，任何一个默认值参数右侧都不能再出现没有默认值的普通参数，否则会提示语法错误。一般来说，避免使用列表、字典、集合或者其他可变序列作为函数参数默认值。

带默认值参数的函数定义语法如下。

```
def 函数名(…,形参名 = 默认值):
    函数体
```

使用“函数名.__defaults__”可以随时查看函数所有默认参数的当前值，返回一个元组，其中的元素依次表示每个默认值参数的当前值。程序 5.6 演示的是默认值参数的函数。其中，第 2 行函数定义的第二个参数是默认值参数；第 4 行调用的时候给该默认值参数传递

了实参,因此函数执行就按照实参进行;第 5 行查看函数默认参数 time 的当前值,返回的是元组,因为实际使用过程中默认参数的个数可能不止 1 个。

```
1  #程序 5.6  默认值参数
2  def say(message, times = 1):
3      print((message + ' ') * times)
4  say('hello',3)
5  print(say.__defaults__)
```

输出结果:

```
hello hello hello
(1,)
```

4. 关键参数

关键参数主要指调用函数时的参数传递方式,与函数定义无关。通过关键参数可以按参数名字传递值,明确指定哪个值传递给哪个参数,实参顺序可以和形参顺序不一致,但不影响参数值的传递结果,避免了用户需要牢记参数位置和顺序的麻烦,使得函数的调用和参数传递更加灵活方便。程序 5.7 演示的是关键参数函数,由于指定了关键字,所以在第 4 行调用时不需要按照函数定义时形参的顺序去传递。

```
1  #程序 5.7  关键参数
2  def key_para(a, b, c = 5):
3      print(a, b, c)
4  key_para(c = 8, a = 9, b = 0)
```

输出结果:

```
9 0 8
```

5. 可变长度参数

可变长度参数在定义函数时主要有两种形式: * parameter 和 ** parameter。前者用来接收任意多个实参并将其放在一个元组中;后者接收类似于关键参数一样显式赋值形式的多个实参并将其放在字典中。

程序 5.8 中,无论调用该函数时传递了多少个实参,一律放在元组中。第 3 行打印的 p 值就是一个元组。

```
1  #程序 5.8  可变长度参数
2  def opti_para( * p):
3      print(p)
4  opti_para(3,7,8)
```

输出结果:

```
(3, 7, 8)
```

程序 5.9 是第二种形式的可变长度参数,在调用该函数时自动将接收的参数转换为字典。

```
#程序 5.9  第二种形式的可变长度参数
def opti_para( ** p):
    print(p)
opti_para(x = 3,y = 7,z = 8)
```

输出结果：

```
{'x': 3, 'y': 7, 'z': 8}
```

6. 传递参数是序列解包

序列解包是指实参是序列结构，使用“ * ”和“ ** ”两种形式传递时，Python 解释器会自动进行解包，把序列中的值分别传递给多个单变量形参。程序 5.10 对列表和字典进行了解包。

```
#程序 5.10  参数是序列解包
def jiebao(a,b,c):
    print(a + b + c)
seq = [3,6,9]
jiebao( * seq)            #对列表进行解包
dic = {1:'a',2:'b',3:'c'}
jiebao( * dic)            #对字典进行解包
```

输出结果：

```
18
6
```

如果实参是字典，还可以使用第二种形式的序列解包，会把字典转换成类似于关键参数的形式进行参数传递。对于这种形式的序列解包，要求实参字典中的所有键都必须是函数的形参名称，参见程序 5.11。

```
#程序 5.11  字典参数的序列解包
def jiebao(a,b,c):
    print(a + b + c)
dic = {'a':3,'b':6,'c':9}
jiebao( ** dic)                #对字典进行另一种解包
```

输出结果：

```
18
```

5.1.4 变量作用域

变量起作用的代码范围称为变量的作用域，不同作用域内变量名可以相同，互不影响。在函数外部和在函数内部定义的变量，其作用域不同。在函数内部定义的普通变量只在函数内部起作用，称为局部变量。函数外部定义的变量为全局变量。不管是局部变量还是全局变量，其作用域都适合从定义的位置开始，在此之前无法访问。

在函数内部定义的局部变量只在该函数内部可见，当函数执行结束，局部变量自动删除,不可以再使用。在函数内部使用 global 定义的全局变量,当函数结束以后,仍然存在并且可以访问。局部变量的引用比全局变量速度快,应优先考虑使用。程序 5.12 演示了变量作用域。

```
#程序 5.12  变量作用域
def zuoyongyu():
    global x                 #声明或创建全局变量,必须在使用 x 之前执行
    x,y = 5,7
    print(x,y)
x = 10;                      #函数外部定义了全局变量
zuoyongyu()                  #函数调用修改了全局变量 x 的值
print(x)
```

输出结果:

```
5 7
5
```

如果局部变量与全局变量有相同的名字,那么该局部变量会在自己的作用域内暂时隐藏同名的全局变量。程序 5.13 第 3 行函数内部的 x 变量就屏蔽了全局变量 x。

```
1  #程序 5.13  同名局部变量隐藏全部变量
2  def zuoyongyu():
3      x = 5               #创建局部变量,并自动隐藏了同名全局变量
4      print(x)
5  x = 10                  #创建全局变量
6  zuoyongyu()             #调用结束全局变量不受影响
7  print(x)
```

输出结果:

```
5
10
```

5.1.5 lambda 表达式

lambda 表达式可以用来声明匿名函数,也就是没有函数名称的临时使用的小函数,尤其适合需要一个函数作为另一个函数参数的场合。

lambda 表达式只可以包含一个表达式,该表达式的计算结果可以被看作函数的返回值,不允许包含复合语句,但在表达式中可以调用其他函数,参见程序 5.14。

```
#程序 5.14  lambda 表达式
f = lambda x,y,z:x + y + z          #可以给 lambda 表达式起一个名字 f
print(f(1,3,4))                     #lambda 表达式当作函数使用
g = lambda x,y = 2,z = 4:x + y + z  #支持默认值参数
print(g(10))
print(g(10,z = 20,y = 30))          #调用时使用关键参数
```

输出结果：

```
8
16
60
```

lambda 表达式可以很方便地定义一些小函数，但是如果仅仅需要一个简单的运算，那么尽量使用标准库 operator 中提供的函数，避免自定义 lambda 表达式，operator 中的函数执行效率更高一些。程序 5.15 中第 4 行 operator.inv()函数不是像之前的 linalg.inv()求逆矩阵，容易让人联想到此处的 inv()是求倒数，这里实际是取相反数。

```
1  #程序 5.15  operator 中的函数
2  import operator
3  a = [1,2,3,4]
4  print(list(map(operator.inv,a)))       #利用 operator 取相反数
5  print(list(map(lambda x: - x,a)))      #利用 lambda 表达式取相反数
```

输出结果：

```
[-2, -3, -4, -5]
[-1, -2, -3, -4]
```

5.1.6 生成器函数

包含 yield 语句的函数可以用来创建生成器对象，这样的函数也称为生成器函数。yield 语句与 return 语句的作用相似，都是用来从函数中返回值。与 return 语句不同的是，return 语句一旦执行会立刻结束函数的运行；而每次执行到 yield 语句并返回一个值之后会暂停或挂起后面代码的执行，下次通过生成器对象的__next__()方法、内置函数 next()、for 循环遍历生成器对象元素或其他方式显式“索要”数据时恢复执行，参见程序 5.16。生成器函数具有惰性求值的特点，适合大数据处理。

```
#程序 5.16  生成器函数(1)
def f():
    yield from 'abcdefg'   # 使用 yield 表达式创建生成器
x = f()                    #创建生成器对象
print(next(x))
print(next(x))
for item in x:             # 输出 x 中的剩余元素
    print(item, end = ' ')
```

输出结果：

```
A
b
c d e f g
```

程序 5.17 第 5 行可以执行一次返回 a 之后就停下了，只有在第 9 行不断调用__next__()方法时才继续执行；第 7 行也与平时函数调用不一样，a 不是函数 f()的返回值，而是该函数

创建的生成器对象，所以 a 才会有一些特殊的对象方法，如__next__()。

```
#程序 5.17  生成器函数(2)
def f():
    a, b = 1, 1                     #序列解包，同时为多个元素赋值
    while True:
        yield a                     #暂停执行，需要时再产生一个新元素
        a, b = b, a+b               #序列解包，继续生成新元素
a = f()                             #创建生成器对象
for i in range(10):                 #斐波那契数列中前 10 个元素
    print(a.__next__(), end = ' ')
```

输出结果：

```
1 1 2 3 5 8 13 21 34 55
```

5.1.7 关于__main__

Python 不同于 C/C++，程序执行并不需要主程序，如 main()，而是依文件自上而下地执行。Python 中的__main__代表的是程序内置名称，并不是普通编程语言的主函数。

很多 Python 程序中都有__name__，它属于 Python 中的内置类属性，存在于一个 Python 程序中，代表对应程序名称。程序 5.18 顺序执行，但是函数在没有调用时不执行，所以第 4 行没有执行打印字符串'子函数'。

```
1  #程序 5.18  __main__函数
2  print('第一条语句')
3  def add(a,b):
4      print('子函数')
5  if __name__ == '__main__':
6      print('主程序')
```

输出结果：

```
第一条语句
主程序
```

从输出结果看程序是依次执行，子函数并没有执行。当程序作为执行脚本时，内置名称就是__main__，所以 if 语句块的内部被执行。但是，当此程序作为模块被其他文件导入时，内置名称就变成模块名字，if 语句块就不会被执行。

5.2 模块、包、库

5.2.1 模块

Python 语言提供了强大的模块支持，不仅标准库中包含了大量的模块(称为标准模块)，还有大量的第三方模块，开发者自己也可以开发自定义模块。通过这些强大的模块可以极大地提高开发者的开发效率。

模块，英文为Module，可以用一句话总结：模块就是Python程序，任何Python程序都可以作为模块，包括在前面章节中写的所有Python程序，都可以作为模块。

可以把模块比作一盒积木，通过它可以拼出多种主题的玩具，这与前面介绍的函数不同，一个函数仅相当于一块积木，而一个模块(.py文件)中可以包含多个函数，也就是很多积木。

将Python代码写到一个文件中，随着程序功能复杂度的增加，程序篇幅会不断变大。为了便于维护，通常会将其分为多个文件(模块)。这样，不仅可以提高代码的可维护性，还可以提高代码的可重用性。代码的可重用性体现在，当编写好一个模块后，只要编程过程中需要用到该模块中的某个功能(由变量、函数、类实现)，无须做重复性的编写工作，直接在程序中导入该模块即可使用该功能。可以将模块理解为是对代码更高级的封装，即把能够实现某一特定功能的代码编写在同一个 .py文件中，并将其作为一个独立的模块，这样既可以方便其他程序或脚本导入并使用，同时还能有效避免函数名和变量名发生冲突。

程序5.19是在某一目录下创建一个名为hello.py的文件，该文件中包含了1个函数，这时hello就是一个模块。

```
#程序5.19    hello.py文件
def say ():
    print("Hello,World!")
```

在同一目录下，再创建一个say.py文件，其包含的代码如程序5.20所示，第2行导入hello模块；第3行就能调用该模块的函数say()。

```
1  #程序5.20    say.py文件
2  import hello
3  hello.say()
```

运行say.py文件，输出结果：

```
Hello,World!
```

say.py文件中使用了原本在hello.py文件中才有的say()函数。相对于say.py文件，hello.py就是一个自定义的模块，需要将hello.py模块导入say.py文件中，然后就可以直接在say.py文件中使用模块中的资源。

当调用模块中的say()函数时，使用的语法格式为“模块名.函数”。这是因为，相对于say.py文件，hello.py文件中的代码自成一个命名空间，因此在调用其他模块中的函数时，需要明确指明函数的出处，否则Python解释器将会报错。

使用Python进行编程时，有些功能没必要自己实现，可以借助Python语言现有的标准库或者其他人提供的第三方库。例如，余弦函数cos()、绝对值函数fabs()等，它们位于Python标准库的math模块中，只需要将此模块导入当前程序，就可以直接使用。

在前面章节中，已经讲解过使用import导入模块的语法。实际上，import还有更多详细的用法，主要介绍以下两种。

第一种导入形式，import 模块名1 [as 别名1]，模块名2 [as 别名2]，…，使用这种语法格式的import语句，会导入指定模块中的所有成员(包括变量、函数、类等)。不仅如此，当需要使用模块中的成员时，需用该模块名(或别名)作为前缀。

第二种导入形式，from 模块名 import 成员名 1 [as 别名 1]，成员名 2 [as 别名 2]，…，使用这种语法格式的 import 语句，只会导入模块中指定的成员，而不是全部成员。同时，当程序中使用该成员时，无须附加任何前缀，直接使用成员名(或别名)即可。

注意，用[]括起来的部分是可选项，可以使用，也可以省略。

其中，第二种 import 语句也可以导入指定模块中的所有成员，即使用 form 模块名 import *，但此方式不推荐使用。

程序 5.21 使用导入整个模块的最简单语法来导入指定模块，输出的结果都是当前文件的路径和文件名。

```
#程序 5.21  模块导入方式
import sys                        # 导入 sys 整个模块
print(sys.argv[0])                # 使用 sys 模块名作为前缀来访问模块中的成员
from sys import argv              # 导入 sys 模块的 argv 成员
print(argv[0])                    # 使用导入成员的语法，直接使用成员名访问
```

5.2.2 包

实际开发中，一个大型的项目往往需要使用成百上千的 Python 模块。如果将这些模块堆放在一起，势必不好管理。使用模块可以有效避免变量名或函数名重名引发的冲突，但如果模块名重复怎么办呢？因此，Python 语言提出了包(Package)的概念。

包即文件夹，只不过在该文件夹下必须存在一个名为__init__.py 的文件。

每个包的目录下都必须建立一个 __init__.py 的模块，可以是一个空模块，也可以写一些初始化代码，其作用就是告诉 Python 要将该目录当成包来处理。

注意，__init__.py 不同于其他模块文件，此模块的模块名不是__init__，而是它所在的包名。例如，在 settings 包中的 __init__.py 文件，其模块名就是 settings。

包是一个包含多个模块的文件夹，它的本质依然是模块，因此包中也可以包含包。例如，在安装了 NumPy 包之后可以在 Lib\site－packages 安装目录下找到名为 numpy 的文件夹，它就是安装的 NumPy 包，它所包含的内容如图 5.2 所示。在 NumPy 包(模块)中，有必须包含的__init__.py 文件，还有 matlib.py 等模块源文件以及 random 等子包。

手动创建一个包，只需进行以下两步操作。

(1) 新建一个文件夹，文件夹的名称就是新建包的包名。

(2) 在该文件夹中，创建一个__init__.py 文件(前后各有两个下画线“_”)，该文件中可以不编写任何代码。当然，也可以编写一些 Python 初始化代码。当有其他程序文件导入包时，会自动执行该文件中的代码。

示例：创建一个包，该包的名称为 my_package。

第一步，创建一个文件夹，命名为 my_package；

第二步，在该文件夹中添加一个__init__.py 文件，在该文件中编写程序 5.22，也可以什么都不写，只是一个空文件。

```
#程序 5.22  __init__文件
#也可以不写内容，直接是一个空文件
print('测试包信息')
```

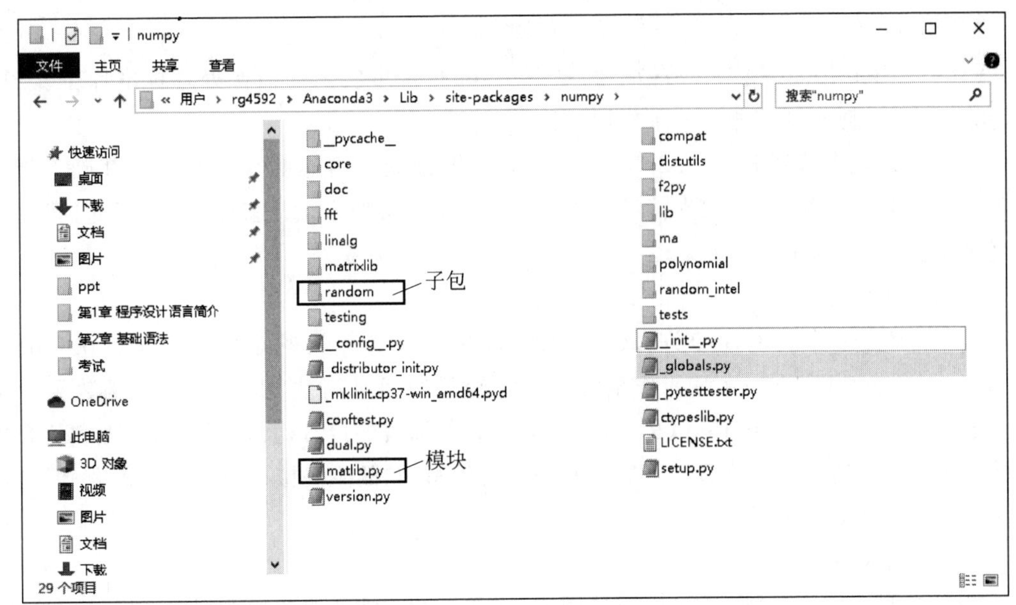

图 5.2　NumPy 包中的子包和模块

__init__.py 文件中,包含了两部分信息,分别是此包的注释信息和一条 print 输出语句。由此,这样就成功创建好了一个 Python 包。

在与 my_package 同级的文件夹中创建测试程序 5.23,第 2 行在导入包的时候,首先执行__init__文件中的内容,就像实例化一个对象时,会首先执行对象的构造函数,不需要显式调用。

```
1  #程序 5.23　导入自定义包
2  import my_package
```

输出结果:

```
测试包信息
```

在 PyCharm 集成环境中新建一个包更加简单,可以通过依次执行菜单 File→new→Python Package 选项实现,PyCharm 会自动添加一个空的__init__文件。

5.2.3　库

与模块和包相比,库是一个更大的概念。例如,在 Python 标准库中的每个库都有好多个包,而每个包中都有若干模块。Python 标准库非常庞大,所提供的组件涉及范围十分广泛,包含多个内置模块(以 C 语言编写),Python 程序员必须依靠它们来实现系统级功能,如文件 I/O。此外,还有大量以 Python 编写的模块,以及第三方库(也称扩展库),提供了日常编程中许多问题的标准解决方案,以下是一些常用库。

1. Scipy

Scipy 是一个用于数学、科学、工程领域的常用软件包,可以处理插值、积分、优化、图像处理、常微分方程数值解的求解、信号处理等问题。它用于有效计算 NumPy 矩阵,使

NumPy 和 Scipy 协同工作,高效解决问题。

2. Pillow

PIL(Python Imaging Library)已经是 Python 平台事实上的图像处理标准库了。PIL 功能非常强大,但 API 却非常简单易用。

由于 PIL 仅支持到 Python 2.7,加上年久失修,于是一群志愿者在 PIL 的基础上创建了兼容的版本——Pillow。它支持新版本 Python 3.x,又加入了许多新特性,因此,我们可以直接安装使用 Pillow。

3. OpenCV

OpenCV 是一个基于 BSD 许可(开源)发行的跨平台计算机视觉库,可以运行在 Linux、Windows、Android 和 Mac OS 操作系统上。它轻量级而且高效,由一系列 C 函数和少量 C++类构成,同时提供了 Python、Ruby、MATLAB 等语言的接口,实现了图像处理和计算机视觉方面的很多通用算法。OpenCV 用 C++语言编写,它的主要接口也是 C++语言,但是依然保留了大量的 C 语言接口。

4. Matplotlib

Matplotlib 是一个 Python 的 2D 绘图库,在前面章节涉及绘图的案例中已经接触过,它以各种硬拷贝格式和跨平台的交互式环境生成出版质量级别的图形。Matplotlib 是 Python 2D 绘图领域使用最广泛的库。它能让使用者很轻松地将数据图形化,并且提供多样化的输出格式。

5. NumPy

NumPy 是高性能科学计算和数据分析的基础包,是 Python 的一种开源的数值计算扩展。NumPy(Numeric Python)提供了许多高级的数值编程工具,如矩阵数据类型、矢量处理,以及精密的运算库,专为进行严格的数字处理而产生。

6. pandas

APython Data Analysis Library 或 pandas 是基于 NumPy 的一种工具,该工具是为了解决数据分析任务而创建的。pandas 纳入了大量的库和一些标准的数据模型,提供了高效地操作大型数据集所需的工具。pandas 提供了大量能快速便捷地处理数据的函数和方法。

7. Flask

Flask 是一个基于 Python 开发并且依赖 jinja 2 模板和 Werkzeug WSGI 服务的一个微型框架,对于 Werkzeug 本质是 Socket 服务端,其用于接收 http 请求并对请求进行预处理,然后触发 Flask 框架,开发人员基于 Flask 框架提供的功能对请求进行相应的处理,并返回给用户,如果要返回用户复杂的内容,需要借助 jinja 2 模板来实现对模板的处理,即将模板和数据进行渲染,将渲染后的字符串返回用户浏览器。

8. Keras

高阶神经网络开发库可运行在 TensorFlow 或 Theano 上,是基于 Python 的深度学习库。Keras 是一个高层神经网络 API,由纯 Python 编写而成,并基于 TensorFlow、Theano 以及 CNTK 后端。Keras 支持快速实验,能够把你的 idea 迅速转换为结果,支持循环神经网络(CNN)和递归神经网络(RNN),或二者的结合,无缝切换 CPU 和 GPU。

9. Sklearn

Sklearn 是 Python 的重要机器学习库,其中封装了大量的机器学习算法,如分类、回归、降维以及聚类;还包含了监督学习、非监督学习和数据变换三大模块。Sklearn 拥有完善的文档,具有上手容易的优势;并且它内置了大量的数据集,节省了获取和整理数据集的时间。因而,Sklearn 成为了广泛应用的重要的机器学习库。本教材中的很多案例都会用到这个库。

需要指出的是,Python 库和包的区别不像包和模块的区别那么明显,有时也会直接把包称为库。

5.3 异常处理

5.3.1 异常

异常是指程序运行时引发的错误,引发错误的原因有很多,如除零、下标越界、文件不存在、网络异常、类型错误、名字错误、字典键错误、磁盘空间不足等。如果这些错误得不到正确的处理将会导致程序终止运行。合理地使用异常处理结构可以使得程序更加健壮,具有更强的容错性,不会因为用户不小心的错误输入或其他运行时的原因而造成程序终止;也可以使用异常处理结构为用户提供更加友好的提示。

严格来说,语法错误和逻辑错误不属于异常,但有些语法错误会导致异常,例如由于大小写拼写错误而试图访问不存在的对象,或者试图访问不存在的文件等。当 Python 检测到一个错误时,解释器就会指出当前程序已经无法再继续执行下去,这时候就出现了异常。

为了避免因为程序运行可能出现的异常而退出,可以使用捕获异常的方式获取这个异常,再通过其他的逻辑代码让程序继续运行,这种根据异常做出的逻辑处理称为异常处理。

1. Python 语法错误

语法错误,也就是解析代码时出现的错误。当代码不符合 Python 语法规则时,Python 解释器在解析时就会报出 SyntaxError 语法错误,同时还会明确指出最早探测到的错误的语句。例如,语句 print "Hello,World!"在 Python 3x 解释器上运行,会报如下错误:

SyntaxError: Missing parentheses in call to 'print'

语法错误大多是由于开发者疏忽导致的,属于真正意义上的错误,是解释器无法容忍的。因此,只有将程序中的所有语法错误全部纠正,程序才能执行。

2. Python 运行时错误

运行时错误,即程序在语法上是正确的,但在运行时发生了错误。例如,语句 a=1/0,该语句试图用 1 除以 0,并赋值给 a。因为 0 作除数是没有意义的,所以运行后会产生如下错误:ZeroDivisionError: division by zero。

以上运行输出结果中,会同时给出程序中出错的位置和出错的类型。在 Python 中,把这种运行时产生错误的情况叫作异常(Exception)。这种异常情况很多,常见的异常类型及含义如表 5.1 所示。

表 5.1　常见的异常类型及含义

异常类型	含　义
AssertionError	当 assert 关键字后的条件为假时,程序运行会停止并抛出 AssertionError 异常
AttributeError	当试图访问的对象属性不存在时抛出的异常
IndexError	索引超出序列范围会引发此异常
KeyError	字典中查找一个不存在的关键字时引发此异常
NameError	尝试访问一个未声明的变量时,引发此异常
TypeError	不同类型数据之间的无效操作
ZeroDivisionError	除法运算中除数为 0 引发此异常

表中的异常类型不需要记住,只需简单了解即可。当一个程序发生异常时,代表该程序在执行时出现了非正常的情况,无法再执行下去。默认情况下,程序是要终止的。如果要避免程序退出,可以使用捕获异常的方式获取这个异常的名称,再通过其他的逻辑代码让程序继续运行,大大提高了程序的健壮性和人机交互的友好性。

5.3.2　异常处理

在 Python 中,有 3 种常见的异常处理结构,具体如下所述。

1. try…except…

其中,try 子句中的代码块包含可能会引发异常的语句,而 except 子句则用来捕捉相应的异常。

如果 try 子句中的代码引发异常并被 except 子句捕捉,就执行 except 子句的代码块;如果 try 中的代码块没有出现异常就继续往下执行异常处理结构后面的代码;如果出现异常但没有被 except 捕获,继续往外层抛出;如果所有层都没有捕获并处理该异常,程序崩溃并将该异常呈现给最终用户。

该结构语法如下:

```
try:
    可能产生异常的代码块
except [ (Error1, Error2, ... ) [as e] ]:
    处理异常的代码块 1
except [ (Error3, Error4, ... ) [as e] ]:
    处理异常的代码块 2
except [Exception]:
    处理其他异常
```

该格式中,[] 括起来的部分可以使用,也可以省略,其各部分的含义如下。

- (Error1, Error2,…)、(Error3, Error4,…):其中,Error1、Error2、Error3 和 Error4 都是具体的异常类型。显然,一个 except 块可以同时处理多种异常。
- [as e]:作为可选参数,表示给异常类型起一个别名 e,这样做的好处是方便在 except 块中调用异常类型。
- [Exception]:作为可选参数,可以代指程序可能发生的所有异常情况,其通常用在最后一个 except 块。

2. try...except...else...

如果 try 中的代码抛出了异常，并且被 except 语句捕捉，则执行相应的异常处理代码，这种情况下就不会执行 else 中的代码；如果 try 中的代码没有引发异常，则执行 else 块的代码。

该结构的语法如下：

```
try:
    #可能会引发异常的代码
except Exception [ as e]:
    #用来处理异常的代码
else:
    #如果 try 子句中的代码没有引发异常，就继续执行这里的代码
```

3. try...except...finally...

在这种结构中，无论 try 中的代码是否发生异常，也不管抛出的异常有没有被 except 语句捕获，finally 子句中的代码总是会得到执行。

该结构语法为：

```
try:
    #可能会引发异常的代码
except Exception [ as e]:
    #处理异常的代码
finally:
    #无论 try 子句中的代码是否引发异常，都会执行这里的代码
```

从异常处理的语法格式可以看出，try 块有且仅有一个，但 except 代码块可以有多个，且每个 except 块都可以同时处理多种异常。当程序发生不同的意外情况时，会对应特定的异常类型，Python 解释器会根据该异常类型选择对应的 except 块来处理该异常，参见程序 5.24。

```
#程序 5.24  异常处理
try:
    a = int(input("输入被除数:"))
    b = int(input("输入除数:"))
    c = a / b
    print("您输入的两个数相除的结果是:", c )
except (ValueError, ArithmeticError):
    print("程序发生了数字格式异常、算术异常之一")
except :
    print("未知异常")
print("程序继续运行")
```

输出结果：

```
输入被除数: 4
输入除数: 0
程序发生了数字格式异常、算术异常之一
程序继续运行
```

程序 5.24 中,第 7 行使用了 ValueError 和 ArithmeticError 来指定所捕获的异常类型,这表明该 except 块可以同时捕获这两种类型的异常。除此之外的异常类型被最后一个 except 块成功捕获,一旦出现异常程序不会中断执行,而是由 except 中的代码块来处理,因此程序才可以继续执行,有了“程序继续运行”的输出结果。

程序 5.25 演示的是带 else 和 finally 块的异常处理,如果没有异常则执行 else 代码块,不管有没有异常都会执行 finally 代码块。

```
#程序 5.25  finally 异常处理
try:
    a = int(input("请输入 a 的值:"))
    print(20/a)
except:
    print("发生异常!")
else:
    print("执行 else 块中的代码")
finally :
    print("执行 finally 块中的代码")
```

输出结果:

```
请输入 a 的值:2
10.0
执行 else 块中的代码
执行 finally 块中的代码
```

5.4 PyCharm 单步跟踪

有时,需要查看 Python 函数内部变量是如何变化的,也就是函数内部的执行过程,目的是为了确定函数是按照程序员预定的目标执行,这就要用到 PyCharm 开发环境提供的单步跟踪和调试功能。

图 5.3 中的程序是为了使用函数 switch()实现两个变量的交换,但运行之后在图中下方的输出窗口并没有按照预定的目标输出想要的结果。这时,可通过单步调试查看一下函数内部的执行情况。

在 PyCharm 中单步跟踪程序,首先要为程序设置断点,所谓断点就是程序中的某一行,此时程序的上一行已经运行结束,即将执行该行,以便查看当前变量临时的结果和状态,所以如果需要查看某一行的执行结果,就在该行左侧(如图 5.3 中箭头所指的位置)单击,PyCharm 会将该行设置为断点。

接下来,依次单击菜单 Run→Debug 选项,或者按 Shift+F9 快捷键进入调试状态。此时,程序会自动运行到断点所在行就停止运行,在图 5.4 右下方的 Variables 窗口可以查看当前程序的变量临时结果。

图 5.4 箭头所指工具栏上的按钮 Step into 就是单步进入按钮。如果当前行是调用的某一个函数,单击该按钮后会进入函数的内部继续单步执行。该按钮左右两侧还有 Step over、Step out 和 Run to cursor 三个常用的按钮。

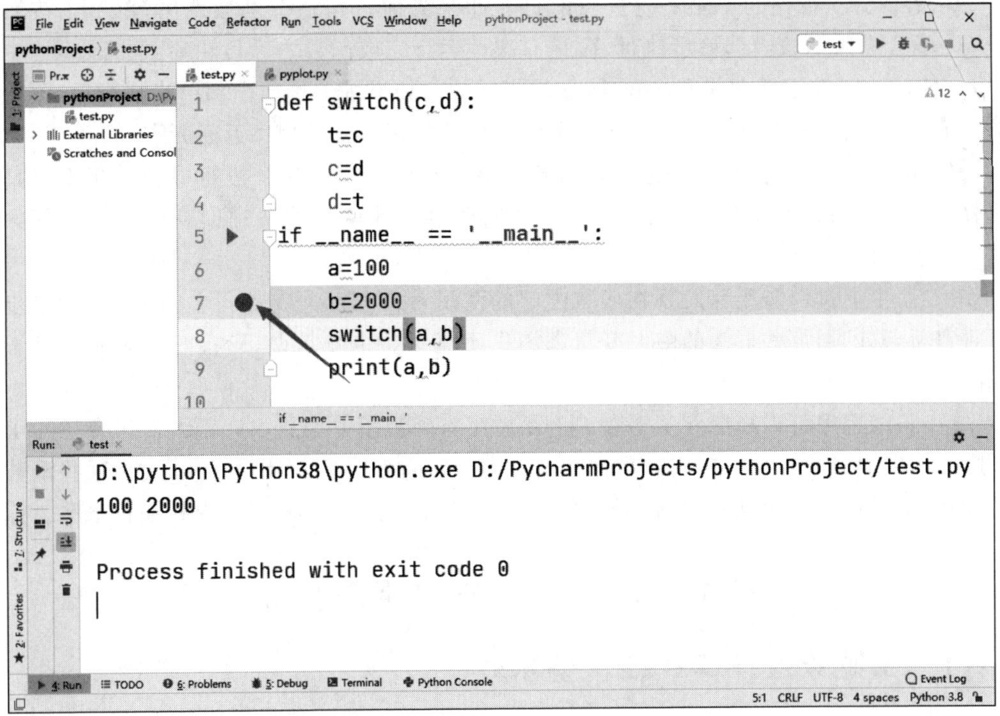

图 5.3 在 PyCharm 环境中为程序设置断点

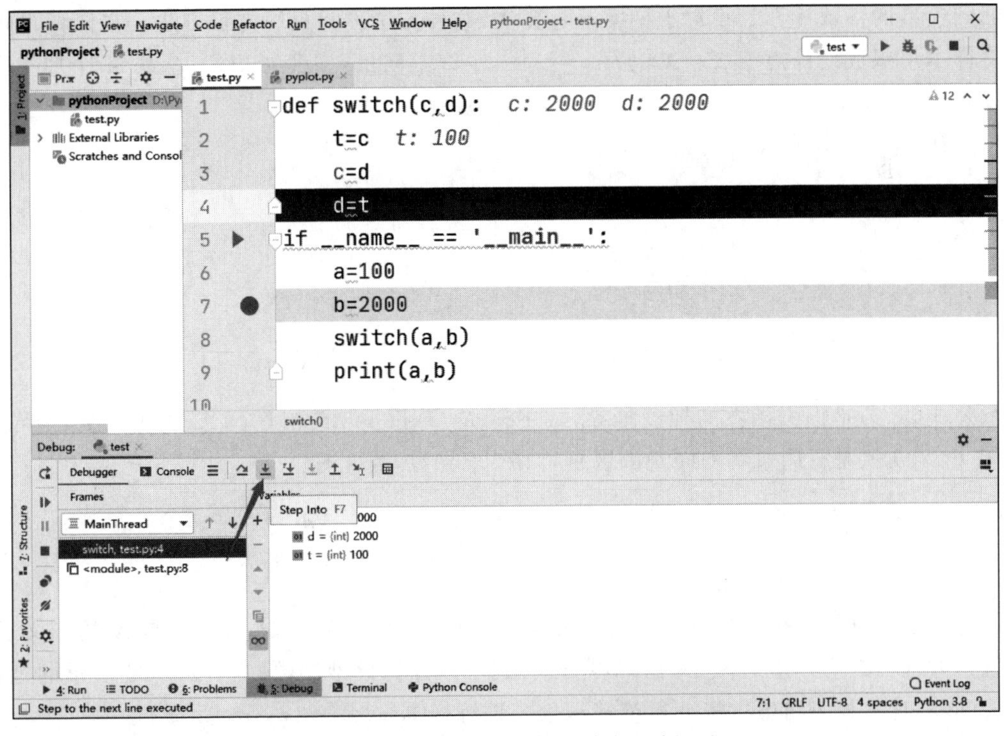

图 5.4 在 PyCharm 环境中单步跟踪调试

- Step over 按钮的功能是越过当前行。如果当前行是一个函数调用,单击该按钮则不会进入函数内部单步执行,而是一次性运行完成函数之后再转到下一行。
- Step out 按钮的功能和 Step into 是相反的。如果进入函数内部单步执行后,不想继续单步执行,则单击该按钮会一次性运行函数接下来的程序返回断点处。
- Run to cursor 按钮的功能是运行到光标所在的行。这几个按钮中使用频率最高的是 Step into 和 Step out 两个按钮,要善于利用这两个按钮辅助观察函数内部的运行状态。

图 5.4 中通过单步跟踪发现在函数内部的两形参确实已经交换了值,但是继续单步执行,回到断点处时,那些形参的临时变量都消失不见了。也就是说,形参的结果并没有影响实参。

单步跟踪程序可以窥探到函数的内部,尤其当函数不是自定义,而是来自第三方函数库,这时可以通过单步执行查看函数内部的执行过程理解函数功能;另一方面,这些函数库的代码都是经过优化而且高效的代码,学习这些代码的编写方法,可以提高编程水平。

视频 10

5.5 机器学习中的矩阵分析

5.5.1 正规方程计算线性模型参数

回顾 4.4 节,随机梯度下降算法恰好利用的循环结构迭代求解模型参数,一次循环处理一个样本。这里利用 Python 语言包 numpy 提供的矩阵运算函数来求解同样的问题,即线性回归模型的参数计算。相对于梯度下降算法,这种方法称为正规方程方法。在计算之前,先将样本组织成设计矩阵 $\boldsymbol{X}$。$\boldsymbol{X}$ 的每一行是一个样本向量,维度为 n 列,总共 m 个样本,$\boldsymbol{X}$ 就是 $m\times n$ 的矩阵。

这样公式(1.3)就重写为公式(5.2)。

$$J(\boldsymbol{\theta})=\frac{1}{2}(\boldsymbol{X\theta}-\vec{y})^{\mathrm{T}}(\boldsymbol{X\theta}-\vec{y}) \tag{5.2}$$

$$\begin{aligned}\nabla_{\boldsymbol{\theta}}J(\boldsymbol{\theta})&=\nabla_{\boldsymbol{\theta}}\frac{1}{2}(\boldsymbol{X\theta}-\vec{y})^{\mathrm{T}}(\boldsymbol{X\theta}-\vec{y})\\&=\frac{1}{2}\nabla_{\boldsymbol{\theta}}(\boldsymbol{\theta}^{\mathrm{T}}\boldsymbol{X}^{\mathrm{T}}\boldsymbol{X\theta}-\boldsymbol{\theta}^{\mathrm{T}}X^{\mathrm{T}}\vec{y}-\vec{y}^{\mathrm{T}}\boldsymbol{X\theta}+\vec{y}^{\mathrm{T}}\vec{y})\end{aligned} \tag{5.3}$$

公式(5.3)是损失函数的梯度推导,式中$\boldsymbol{\theta}^{\mathrm{T}}\boldsymbol{X}^{\mathrm{T}}\vec{y}$ 和 $\vec{y}^{\mathrm{T}}\boldsymbol{X\theta}$ 相等,$\vec{y}^{\mathrm{T}}\vec{y}$ 与$\boldsymbol{\theta}$ 无关,令导数为零,$\boldsymbol{\theta}^{\mathrm{T}}$和$\boldsymbol{\theta}$ 只是行向量和列向量的区别,对$\boldsymbol{\theta}^{\mathrm{T}}$求导数,因此有:

$$\nabla_{\boldsymbol{\theta}}J(\boldsymbol{\theta})=\frac{1}{2}\nabla_{\boldsymbol{\theta}}(\theta^{\mathrm{T}}\boldsymbol{X}^{\mathrm{T}}\boldsymbol{X\theta}-2\boldsymbol{\theta}^{\mathrm{T}}\boldsymbol{X}^{\mathrm{T}}\vec{y})=\boldsymbol{X}^{\mathrm{T}}\boldsymbol{X\theta}-\boldsymbol{X}^{\mathrm{T}}\vec{y}=0 \tag{5.4}$$

$$\boldsymbol{\theta}=(\boldsymbol{X}^{\mathrm{T}}\boldsymbol{X})^{-1}\boldsymbol{X}^{\mathrm{T}}\vec{y} \tag{5.5}$$

进一步可推导出公式(5.5),由矩阵分析可以指导,$(\boldsymbol{X}^{\mathrm{T}}\boldsymbol{X})^{-1}\boldsymbol{X}^{\mathrm{T}}$ 其实就是 $\boldsymbol{X}$ 的广义逆,也就是方程 $\boldsymbol{X\theta}=\vec{y}$ 的最小二乘解,利用该公式可以计算模型参数。程序 5.26 演示的是依公式(5.5)计算模型参数。第 6 行依然是生成训练样本 $y=2+3x+\varepsilon$;第 9 行~第 11 行是正规方程求解参数;第 13 行绘制原始样本的散点图和预测值的曲线,如图 5.5 所示。计算输出的参数值与 4.4 节中的梯度下降算法得到的值基本相似。

```
#程序 5.26  正规方程求模型参数
import numpy as np
import matplotlib.pyplot as plt
m = 101
x = np.linspace(1,10,m)                        #生成 x 的值
y = 3 * x + 2 + np.random.randn(m)             #生成与 x 线性关系的 y
X = np.vstack((np.ones(m),x)).transpose()      #整理数据为设计矩阵的形式
theta = [0,0]                                  #参数初始化
xtx_ni = np.linalg.inv(X.transpose()@X)        #计算(X^T X)^-1
xtx_ni_xt = xtx_ni@X.transpose()               #计算广义逆矩阵 (X^T X)^-1 X^T
theta = np.matmul(xtx_ni_xt,y)                 #函数计算矩阵相乘
print(theta)
plt.plot(x,y,'ro',x,theta[1] * x + theta[0],'g')
plt.show()
```

输出结果：

```
[2.07819626 2.96396209]
```

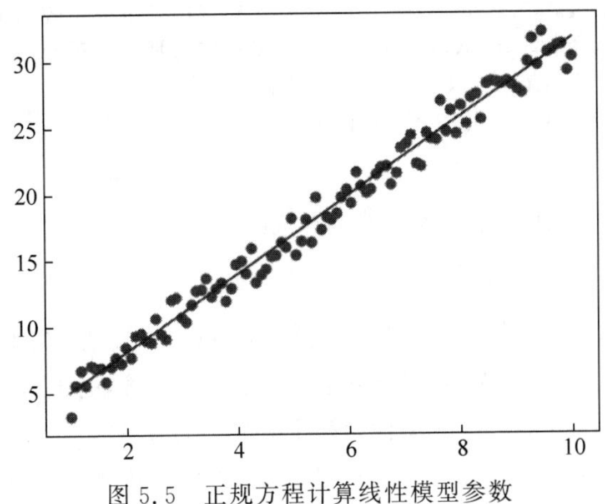

图 5.5　正规方程计算线性模型参数

5.5.2　矩阵奇异值分解

视频 11

奇异值分解在数据降维和图像压缩中有较多的应用，这里简单总结一下它的原理，并且演示一个图片压缩的例子。

1. 特征值分解

如果矩阵 $\boldsymbol{A}$ 是个 $m\times m$ 的实对称矩阵，即 $\boldsymbol{A}^{\mathrm{T}}=\boldsymbol{A}$，那么它就可以分解成如下形式：

$$\boldsymbol{A}=\boldsymbol{Q}\boldsymbol{\Sigma}\boldsymbol{Q}^{\mathrm{T}} \tag{5.6}$$

其中，$\boldsymbol{Q}$ 为标准正交矩阵，每一列为特征向量；$\boldsymbol{\Sigma}$ 为对角矩阵，对角线上的元素为特征向量对应的特征值。特征值的大小反映了矩阵在该特征值对应的特征向量的方向上能量分布，或者把特征值看作是该方向上的能量分布权重。这种特征值分解，对矩阵有着较高的要求，它要求被分解的矩阵 $\boldsymbol{A}$ 为实对称矩阵。现实中所遇到的问题一般不是实对称矩阵，这就要做一般性的推广，即矩阵奇异值分解。

2. 奇异值分解

矩阵 $\boldsymbol{A}$ 的维度为 $m\times n$，有如下分解形式：

$$\boldsymbol{A}=\boldsymbol{U\Sigma V}^{\mathrm{T}} \tag{5.7}$$

其中，$\boldsymbol{U}$ 和 $\boldsymbol{V}$ 是单位正交矩阵，即 $\boldsymbol{U}^{\mathrm{T}}\boldsymbol{U}=\boldsymbol{I}$、$\boldsymbol{V}^{\mathrm{T}}\boldsymbol{V}=\boldsymbol{I}$。$\boldsymbol{U}$ 称为左奇异矩阵，$\boldsymbol{V}$ 称为右奇异矩阵，$\boldsymbol{\Sigma}$ 仅在对角线上有值，这些值称为奇异值，其他元素均为 0。这些奇异值扮演着特征值分解中的特征值的角色，因此奇异值也是矩阵在奇异向量上的能量分布，如果取比较大的部分奇异值和它们对应的部分奇异向量来恢复矩阵，就能起到数据压缩的作用。

程序 5.27 演示了图像矩阵分解再恢复的过程，先在 PyCharm 中新建一个 Python 文件，命名为 huifu.py，作为一个模块文件。

```
#程序 5.27  huifu.py
import numpy as np
#参数从左到右依次为奇异值矩阵、左特征矩阵、右特征矩阵、奇异值的个数
def restore(sigma, u, v, K):
    m = len(u)                          #取 u 矩阵的行数
    n = len(v[0])                       #取 v 矩阵的列数
    a = np.zeros((m, n))                #准备一个跟恢复矩阵一样大小的零矩阵
    for k in range(K):
        uk = u[:, k].reshape(m, 1)      #每次循环取 u 矩阵的第 k 列
        vk = v[k].reshape(1, n)         #每次循环取 v 矩阵的第 k 行
        #一个列向量与一个行向量内积结果为一个矩阵，一共产生 k 个矩阵，再求和
        a += sigma[k] * np.dot(uk, vk)
    a[a < 0] = 0
    a[a > 255] = 255
    #将矩阵的元素四舍五入到整数，再转成图像数据类型
    return np.rint(a).astype('uint8')
```

程序 5.27 是一个包含一个恢复矩阵的函数 restore 的模块，在主文件中可以直接导入之后再调用，程序 5.28 为主文件，程序虽然长，但是分块理解也很好掌握。在主文件中，首先加载 sklearn 包中 datasets 子包的图像，该图像大小为 427×640×3 像素，最后的 3 对应 3 个颜色通道，即 R、G、B 三基色。然后，分别对每个颜色矩阵做奇异值分解，再计算前 50 个恢复矩阵的图像保存在当前目录下的 pic 目录中。

这里存在 3 个坐标系，即数学坐标系、矩阵行列坐标、NumPy 中 array 数组的坐标，它们的对应关系如图 5.6 所示。图中一幅彩色图像有 3 个颜色矩阵，矩阵的行对应数学坐标的 y 轴，但是在 array 数组中 axis=0 轴；矩阵的列对应数学坐标的 x 轴，array 数组的 axis=1 轴；数学坐标的 z 轴是三基色图像矩阵的叠加，array 数组中对应 axis=2 轴。在实际 Python 程序设计中，图像的索引都是按照矩阵的行、列、基色 3 个索引来指定图像中的位置。例如，索引[0,1,2]对应的图像矩阵第 1 行，第 2 列，蓝色，即蓝色矩阵的第 1 行第 2 列这个位置。

第 11 行字符串中的点代表的是当前目录，这和 DOS 系统的目录一致，若是两个点则代表上一级目录；第 25 行～第 27 行，分别调用模块计算恢复图像的每个颜色矩阵，矩阵的大小为 427×640 像素，当然可以直接显示每个颜色分量的图像，但是要还原彩色图像就必须将 3 个颜色图像矩阵堆叠起来；第 28 行是对 3 个颜色矩阵进行在第三轴向上堆叠，这样形成的矩阵为 427×640×3 像素，axis=2 指定堆叠的方向，axis=0 代表的是行方向，axis=1 代表的是列方向。

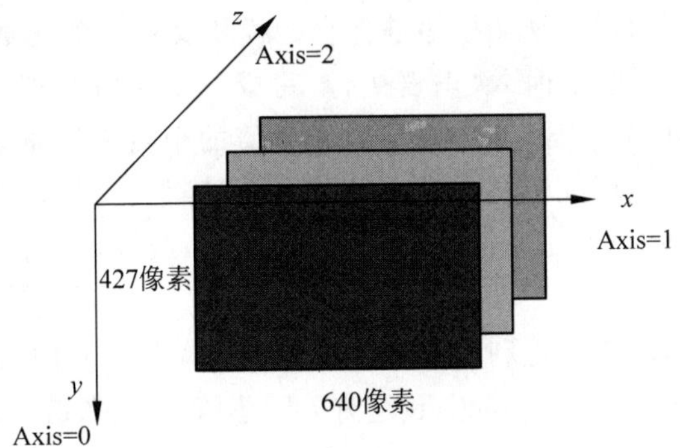

图 5.6　图像坐标系

```
#程序 5.28  主文件
import numpy as np
import os
from sklearn import datasets
import matplotlib.pyplot as plt
import matplotlib as mpl
from PIL import Image
import huifu
if __name__ == '__main__':
    A = datasets.load_sample_image('china.jpg')   #加载图像
    output_path = r'.\Pic'                          #保存恢复图像的目录
    if not os.path.exists(output_path):             #如果不存在就新建一个目录
        os.mkdir(output_path)
    a = np.array(A)                                 #将图像矩阵转换为 array 结构
    print(a.shape)
    K = 50                                          #保留前 50 个奇异值和对应的奇异向量
    #3 个颜色 r,g,b 矩阵分别做奇异值分解
    u_r, sigma_r, v_r = np.linalg.svd(a[:, :, 0])#红色矩阵做奇异值分解
    u_g, sigma_g, v_g = np.linalg.svd(a[:, :, 1])#绿色矩阵做奇异值分解
    u_b, sigma_b, v_b = np.linalg.svd(a[:, :, 2])#蓝色矩阵做奇异值分解
    mpl.rcParams['font.sans-serif'] = [u'simHei']
    mpl.rcParams['axes.unicode_minus'] = False
    for k in range(1, K+1):                         #矩阵恢复
        print(k)
        R = huifu.restore(sigma_r, u_r, v_r, k)
        G = huifu.restore(sigma_g, u_g, v_g, k)
        B = huifu.restore(sigma_b, u_b, v_b, k)
        I = np.stack((R, G, B), axis=2)             #堆叠 3 个颜色矩阵,恢复彩色图像
        Image.fromarray(I).save('%s\\svd_%d.png' % (output_path, k))
        if k <= 12:                                 #显示前 12 个恢复图像
            plt.subplot(3, 4, k)
            plt.imshow(I)
            plt.axis('off')
            plt.title(u'奇异值个数:%d' % k)
    plt.suptitle(u'SVD 与图像分解', fontsize=14)
    plt.tight_layout(0.3, rect=(0, 0, 1, 0.92))
    plt.subplots_adjust(top=0.9)
    plt.show()
```

主文件的恢复矩阵的计算，调用了之前保存的模块文件中的函数 restore()。恢复程序执行了 12 次，对于这样一段程序多次重复执行，写成一个函数是理所当然的。每次输入的奇异值矩阵、左奇异矩阵、右奇异矩阵相同，但奇异值的个数 k 不同，k 值越大，恢复的效果越好，需要保存的值也相应增加，也就是图像压缩比就降低。这是一对矛盾，想要无损恢复矩阵，那就保存原始文件，压缩比为 1；想要提高压缩比，减少保存数据，那就对图像质量有所降低。

图 5.7 是原始图像，图 5.8 是利用不同奇异值和对应的奇异向量对图 5.7 恢复的图像。从恢复的结果看，k 值越大，恢复得效果越好，但是压缩比降低。原始图像的数据量是 427×640×3=819840(B)，压缩之后的数据量以奇异值为 1 的情况为例说明，假设 1 个奇异值占 1 字节，一个颜色矩阵只需要保存左奇异值矩阵 1 列 427 个数据，加上右奇异值矩阵一行 640 个数据，这样就是(427+640+1)×3=3204(B)。压缩比利用原始图像的数据量除以压缩之后的数据量来计算。压缩之后的数据量及压缩比如表 5.2 所示。

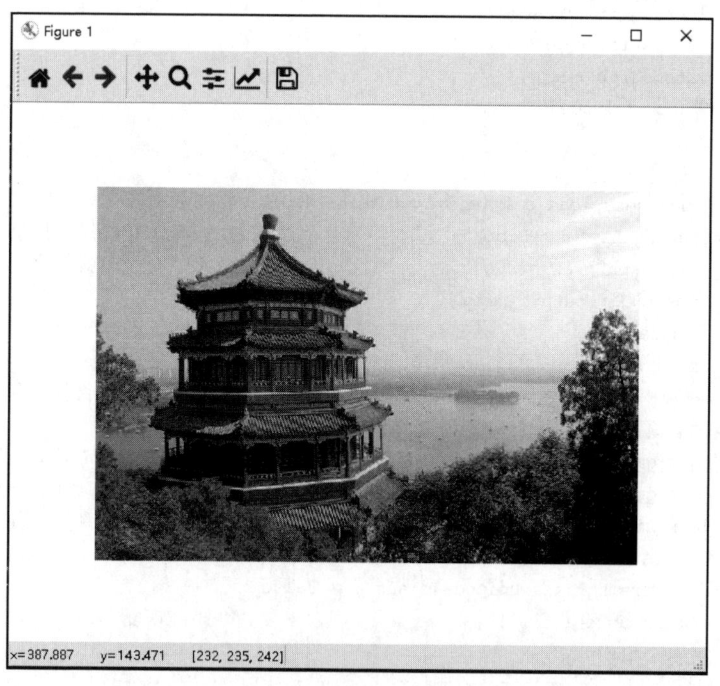

图 5.7 图像压缩的原始图像

表 5.2 前 12 幅恢复图像的压缩比

K 值	1	2	3	4	5	6
数据量	3204	6408	9612	12816	16020	19224
压缩比	255.88	127.94	85.29	63.97	51.18	42.65
K 值	7	8	9	10	11	12
数据量	22428	25632	28836	32040	35244	38448
压缩比	36.55	31.99	28.43	25.59	23.26	21.32

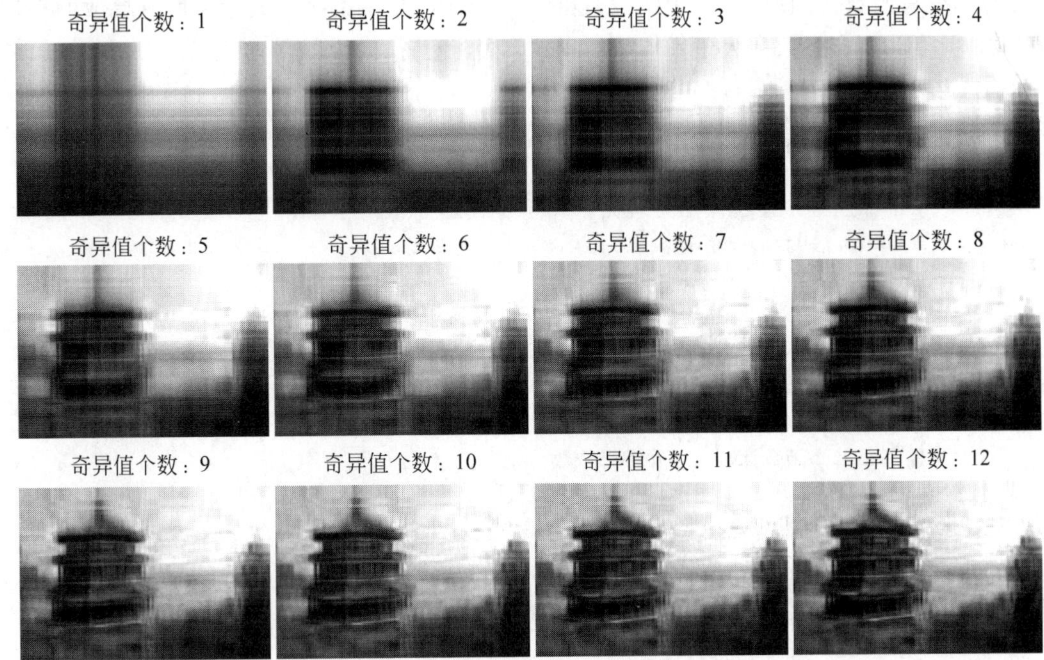

图 5.8　分别利用前 12 个奇异值和奇异向量恢复的图像

矩阵奇异值分解的案例代码的篇幅明显变长，代码量增加并不完全意味着复杂度增加。代码由一些功能点组成，每个功能点并不难理解，在这些功能点的基础上组合拼凑构成能够实现相对复杂功能的长篇代码。

以上代码演示了如下语法点。

(1) 库的导入与库函数的调用。

(2) 自定义函数和模块的创建。

(3) 内置名称__main__的问题。

(4) 图像的显示和保存问题。

(5) 多种方法计算矩阵乘法。

这些语法点在代码中都有体现，读者注意细心体会，在程序设计时遇到类似的应用可以加以模仿，变成自己解决实际问题的手段和方法。

5.6　实　　验

1. 实验目的

(1) 掌握函数的定义和使用。

(2) 掌握 lambda 表达式的使用。

(3) 掌握模块、包的创建。

(4) 掌握函数不同参数的使用。

2. 实验内容

(1) 编写函数，接收任意多个实数，返回一个元组，其中第 1 个元素为所有参数的平均值，其他元素为所有参数中大于平均值的实数。参考程序 5.29。

```
#程序 5.29  函数计算平均值
def pingjun( * para):
    avg = sum(para)/len(para)
    g = [i for i in para if i > avg]
    return (avg,) + tuple(g)
print(pingjun(5,6,7,82,3,1,20))
```

(2) 编写函数，接收字符串参数，返回一个元组，其中第 1 个元素为大写字母个数，第 2 个元素为小写字母个数。参考程序 5.30。

```
#程序 5.30  函数计数大小写字母个数
def charac(s):
    result = [0, 0]
    for ch in s:
        if ch.islower():
            result[1] += 1
        elif ch.isupper():
            result[0] += 1
    return tuple(result)
print(charac('Python is very easy, I\'m interested in programming'))
```

(3) 编写函数，接收包含 n 个整数的列表 lst 和一个整数 $k(0\leqslant k<n)$ 作为参数，返回新列表。处理规则为：将列表 lst 中下标 k 之前的元素逆序，下标 k 之后的元素逆序，然后将整个列表 lst 中的所有元素逆序。参考程序 5.31。

```
#程序 5.31  函数处理列表
def nixu(lst, k):
    x = lst[k - 1: - 1]
    y = lst[:,k - 1: - 1]
    return list(reversed(x + y))
```

(4) 从第(1)项～第(3)项有多种不同的方法可以实现，虽然给出了参考程序，请读者自行尝试使用不同的方法实现同样的功能。

(5) 参考 5.3 节，将自己的人脸图像进行图像压缩，并查看恢复的人脸图像效果。

(6) 根据每一步的结果写出实验报告。

本 章 小 结

本章主要介绍了函数的定义及使用，不同种类的函数参数的用法，以及由函数组合构成的模块和包的使用；还介绍了函数的简化版本 lambda 表达式，以及包含 yield 语句的生成器函数的用法，给出了函数在机器学习中矩阵分析上的应用。

习　　题

一、选择题

1. 可以使用(　　)关键字创建 Python 自定义函数。

A. function　　B. func　　C. produce　　D. def

2. 下面程序运行的结果为(　　)。

```
a = 10
def setNumber():
    a = 100
setNumber()
print(a)
```

A. 10　　B. 100　　C. 10100　　D. 10010

3. 关于函数参数传递,形参和实参描述错误的是(　　)。

A. Python 按照值传递参数,调用函数是将常量或变量的值传递给函数的参数

2. 实参与形参分别存储在各自的内存空间中,是两个独立不相关的变量

3. 在函数内部改变形参的值时,实参的值一般不会改变

4. 实参与形参的名字必须相同

4. 下面程序运行的结果为(　　)

```
def swap(list):
    temp = list[0]
    list[0] = list[1]
    list[1] = temp
list = [1,2]
swap(list)
print(list)
```

A. [1,2]　　B. [2,1]　　C. [1,1]　　D. [2,2]

二、填空题

1. 函数可以包含多个参数,参数之间使用__________分隔。

2. 使用__________语句可以返回函数值并退出函数。

3. 返回 x 的 y 次幂的函数是__________。

4. 返回 x 的绝对值的函数是__________。

5. 将字符串的字母转换成小写字母的函数是__________。

6. 替换字符串中子串的函数为__________。

7. __________函数用于显示指定参数的帮助信息。

三、程序和简答题

1. 杨辉三角是二项式系数在三角形中的一种几何排列,编写函数,接收一个整数 t 作为参数,打印杨辉三角前 t 行。

2. 编写函数,接收两个正整数为参数,返回一个元组,其中第 1 个元素为最大公约数,第 2 个元素为最小公倍数。

3. 编写函数模拟报数游戏，有 n 个人围成一个圈，顺序编号，第 1 个人开始从 1 到 k（假设 $k=3$）报数，报到 k 的人退出圈子，然后圈子缩小，从下一个人继续游戏，问最后留下的人是原来的第几号。

4. 编写函数，查找序列元素的最大值和最小值。给定一个序列，返回一个元组，其中元组第 1 个元素为序列最大值，第 2 个元素为序列最小值。

5. 编写函数，实现冒泡排序算法。所谓冒泡排序就是重复地遍历要排序的序列，依次比较两个相邻的元素，如果顺序相反就把他们交换过来。重复直到所有元素都顺序正确。

6. 利用 lambda 表达式和 filter()函数求 100 以内的素数。

7. 编写函数，接收一个字符串，分别统计大写字母、小写字母、数字以及其他字符的个数，并以元组的形式返回。

第6章 输入输出

输入输出是与Python程序的数据交互,主要包括控制台输入输出、文件读写、图形图像保存与显示、数据库访问与存储。前面章节的示例基本上都是基于控制台输入输出的,因此本章主要介绍文件和图形图像以及MySQL数据库的输入输出。

6.1 文件读写

6.1.1 文件

按文件中数据的组织形式把文件分为文本文件和二进制文件两类。

1. 文本文件

文本文件存储的是常规字符串,由若干文本行组成,通常每行以换行符\n结尾。常规字符串是指记事本或其他文本编辑器能正常显示、编辑并且人类能够直接阅读和理解的字符串,如英文字母、汉字、数字字符串等。文本文件可以使用字处理软件,如gedit、Word、记事本进行编辑。

2. 二进制文件

二进制文件把对象内容以字节串(bytes)进行存储,可以用文本编辑器打开但无法用记事本或其他普通字处理软件直接进行编辑。如图6.1所示,利用记事本打开python.exe文件,但无法被人类直接阅读和理解。原因是可以阅读的连续文本文件所保存的数字对应着字符集上的索引,显示的时候根据索引提取字符的图像才可以阅读。二进制文件保存的数字原本就不是为了一段连续文本保存,虽然也可以强制索引到字符集上的某些字符,但是这些字符之间都是毫无关联没有语法意义的乱码。

这些二进制文件需要使用专门的软件进行解码,才可以读取、显示、修改或执行。常见的如图形图像文件、音视频文件、可执行文件、资源文件、各种数据库文件、各类Office文档等,都属于二进制文件。

6.1.2 文件操作

无论文本文件还是二进制文件,操作流程基本一致:首先打开文件并创建文件对象,然后通过该文件对象对文件内容进行读取、写入、删除、修改等操作,最后关闭并保存文件内容。

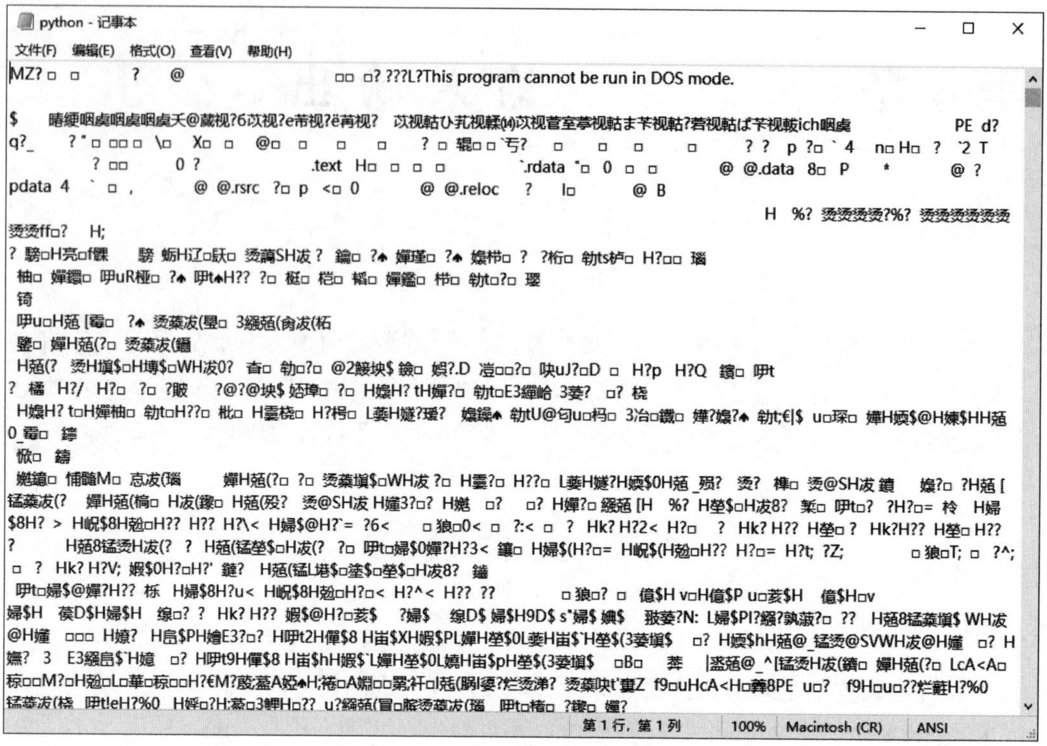

图 6.1　文本编辑器打开二进制文件

1. 内置函数 open()

Python 内置函数 open()可以用指定的模式打开文件并创建文件对象，语法如下。由于很多参数都是默认值，在使用时只需要给特定的参数传值即可。

```
open(file, mode = 'r', buffering = - 1, encoding = None, errors = None,
    newline = None, closefd = True, opener = None)
```

内置函数 open()的主要参数含义如下。

- file 参数指定了被打开的文件名称，如果该文件不在当前的目录中，可以使用相对路径或者绝对路径，为了减少路径中分隔符的输入，可以使用原始字符串。
- mode 参数指定了打开文件后的处理方式，如表 6.1 所示，如只读、只写、读写、追加、二进制只读、二进制读写，默认为文本只读模式。以不同模式打开文件时，文件指针的初始位置略有不同。以只读或只写模式打开时，文件指针的初始位置是文件头；以追加模式打开时，文件指针的初始位置是文件尾，以只读方式打开的文件无法进行任何写操作。
- buffering 参数指定了读写文件的缓存模式。0 表示不缓存，1 表示缓存，如果大于 1 则表示缓冲区的大小。默认值是缓存模式。
- encoding 参数指定对文本进行编码和解码的方式，只适用于文本模式，可以使用 Python 支持的任何格式，如 GBK、UTF-8、CP936 等。

表 6.1　文件打开模式

模　　式	说　　明
r	读模式(默认模式,可省略),如果文件不存在则抛出异常
w	写模式,如果文件已存在,先清空原有内容
x	写模式,创建新文件,如果文件已存在则抛出异常
a	追加模式,不覆盖文件中原有内容
b	二进制模式(可与其他模式组合使用)
t	文本模式(默认模式,可省略)
+	读、写模式(可与其他模式组合使用)

程序 6.1 演示了文件的打开与关闭。如果执行正常,open()函数返回 1 个文件对象,通过该文件对象可以对文件进行读写操作。如果指定文件不存在、访问权限不够、磁盘空间不足或其他原因导致创建文件对象失败,则抛出异常。

```
#程序 6.1　文件打开与关闭
f1 = open('file1.txt', 'r')        # 以读模式打开文件
f2 = open('file2.txt', 'w')        # 以写模式打开文件
f1.close()
f2.close()
```

当对文件内容操作完成后,一定要关闭文件对象,这样才能确保所做的修改都被保存到文件中。

文件对象常用方法如表 6.2 所示。文件读写操作相关的函数都会自动改变文件指针的位置。例如,以读模式打开一个文本文件,读取 10 个字符,会自动把文件指针移动到第 11 个字符的位置,再次读取字符时总是从文件指针的当前位置开始,写入文件的操作函数也具有相同的特点。

表 6.2　文件对象常用方法

方　　法	说　　明
close()	把缓冲区的内容写入文件,同时关闭文件,并释放文件对象
flush()	把缓冲区的内容写入文件,但不关闭文件
read([size])	从文本文件读取 size 个字符并返回,或从二进制文件读取 size 个字节,如果省略 size 则读取所有内容
readline()	从文本文件读取一行内容并返回
readlines()	把文本文件的每行文本作为一个字符串存入列表中,返回列表
seek()	把文件指针移动到新的位置
seekable()	测试当前文件是否可以随机访问
tell()	返回文件指针的当前位置
write(s)	把字符串 s 写入文件
writelines(s)	把字符串列表写入文件,不添加换行符

2. 上下文管理语句 with

在实际开发中,读写文件应优先考虑使用上下文管理语句 with。关键字 with 可以自动管理资源。不论因为什么原因(哪怕是代码引发了异常)跳出 with 块,总能保证文件被正确

关闭，并且可以在代码块执行完毕后自动还原进入该代码块时的上下文，常用于文件操作、数据库连接、网络连接、多线程与多进程同步时的锁对象管理等场合。with 语句用法如下。

```
with open(filename, mode, encoding) as fp:
    #这里写通过文件对象 fp 读写文件内容的语句
```

上下文管理语句 with 还支持下面的用法。

```
with open('test.txt', 'r') as src, open('test_new.txt', 'w') as dst:
    dst.write(src.read())
```

6.1.3 文件操作案例

1. 文本文件操作

程序 6.2 演示的是新建文本文件并写入内容，然后再读出。其中，第 3 行以写方式打开文件，由于当前路径下没有 sample.txt 文件，所以打开的同时新建该文件，并将返回的文件对象重命名为 fp，一条语句实现多个功能，这也是 Python 语言书写的程序非常精简的原因；第 4 行向新建的文本文件写入字符串；第 6 行将读取的字符串输出。图 6.2 的左图是程序 6.2 创建并写入的文件，默认的编码是 ANSI GBK 格式。这个默认的编码格式是与 Python 程序运行所在的平台有关，在中文 Windows 平台下就是默认中文编码格式。

```
1  #程序 6.2  文本文件读写
2  s = 'Hello world\n 文本文件的读取方法\n 文本文件的写入方法\n'
3  with open('sample.txt', 'w') as fp:      #默认使用 ANSI GBK 编码
4      fp.write(s)
5  with open('sample.txt') as fp:           #默认使用 ANSI GBK 编码
6      print(fp.read())
```

输出结果：

```
Hello world
文本文件的读取方法
文本文件的写入方法
```

将一个 GBK 编码格式的文本文件中的内容全部复制到另一个使用 UTF-8 编码的文本文件中。程序 6.3 是将程序 6.2 执行产生的 sample.txt 文件的内容改变一下编码方式并复制到另一个新文件中，如图 6.2 右图所示，图中用方框标注的地方显示了编码方式已经变成了 UTF-8 格式。

```
#程序 6.3  不同编码格式保存文件
def fileCopy(src, dst, srcEncoding, dstEncoding):
    with open(src, 'r', encoding = srcEncoding) as srcfp:
        with open(dst, 'w', encoding = dstEncoding) as dstfp:
            dstfp.write(srcfp.read())
fileCopy('sample.txt', 'sample_new.txt', 'gbk', 'utf8')
```

2. 二进制文件操作

对于二进制文件，不能使用记事本或其他文本编辑软件直接进行正常读写，也不能通过

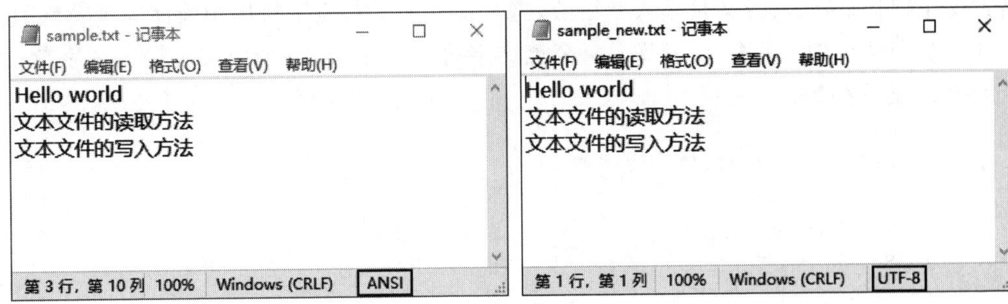

图 6.2 保存的不同编码方式的记事本文件

Python 的文件对象直接读取和理解二进制文件的内容,必须正确理解二进制文件结构和序列化规则,然后设计正确的反序列化规则,才能准确地理解二进制文件内容。

所谓序列化,简单地说就是把内存中的数据在不丢失其类型信息的情况下转成二进制形式的过程。对象序列化后的数据经过正确的反序列化过程能够准确无误地恢复为原来的对象。Python 中常用的序列化模块有 struct、pickle、shelve 和 marshal。

程序 6.4 演示的是把文本文件 sample.txt 中的所有信息使用 pickle 进行序列化并写入二进制文件 sample_pickle.dat 中。其中,第 3 行一条语句同时打开两个文件,分别是读出数据的源(source)文件和写入数据的目标(desitnation)文件;第 4 行对文件对象中的每一行循环;第 5 行 dump()函数实现的是将第 1 个参数的内容写入第 2 个参数指定的目标文件对象,使用该函数可以将内容不加任何处理直接倾倒到目标文件中,与文件对象写入函数 write()做了区分;strip()函数是剥去文本以外的字符,如空格、换行等,读者可以删除该函数再执行以下程序看看结果体会一下该函数的意义;第 7 行写了一个无限循环,直到在第 9 行中捕获到异常才退出循环;第 9 行中利用 load()函数加载二进制文件的内容,与文本文件的读取函数 read()是对等的。

```
1   #程序 6.4  二进制文件读写
2   import pickle
3   with open('sample.txt') as src, open('sample_pickle.dat', 'wb') as dest:
4       for line in src:
5           pickle.dump(line.strip(), dest)
6   with open('sample_pickle.dat', 'rb') as fp:
7       while True:
8           try:
9               print(pickle.load(fp))
10          except:
11              break
```

输出结果与程序 6.2 相同。

程序 6.5 演示的是使用 struct 模块写入二进制文件。其中,第 7 行先将内容序列化,pack()函数的第 1 个参数是一个格式化字符串,其中的 3 个字符指定了后面的 3 个参数以什么格式序列化;第 9 行直接写入序列化后的内容;第 10 行要将字符串编码之后才能写入,默认的编码方式是 UTF-8;第 12 行 read()函数的实参 9 是要读出 9 字节,这 9 字节正好对应着序列化后的整型变量 4 字节、浮点数 4 字节、布尔变量 1 字节;第 13 行按照原来的格式反序列化；第 16 行又是读入 9 字节，这 9 字节正好对应字符串中前面 3 个 ASCII 码字符 3 字节和两个中文字符 6 字节。每个英文字符占 1 字节，每个中文字符占 3 字节；第 17 行将读取的序列解码。

```
1  #程序 6.5  struct 模块写入二进制文件
2  import struct
3  n = 1300000000
4  x = 96.45
5  b = True
6  s = 'a1@中国'
7  sn = struct.pack('if?', n, x, b)      #序列化，i 表示整数，f 表示实数，? 表示逻辑值
8  with open('sample_struct.dat', 'wb') as f:
9      f.write(sn)
10     f.write(s.encode())                #字符串需要编码为字节串再写入文件
11 with open('sample_struct.dat', 'rb') as f:
12     sn = f.read(9)
13     tu = struct.unpack('if?', sn)      #使用指定格式反序列化
14     n, x, b1 = tu                      #序列解包
15     print('n = ',n, 'x = ',x, 'b1 = ',b1)
16     s = f.read(9)
17     s = s.decode()                     #字符串解码
18     print('s = ', s)
```

输出结果：

```
n= 130000 x= 96.44999694824219 b1= True
s= a1@中国
```

6.2 文件夹操作

文件夹也称目录，文件夹操作包括文件夹内的文件遍历、复制、删除、压缩、重命名等。本节主要介绍与文件夹操作有关的模块。

1. os 模块

Python 标准库的 os 模块除了提供使用操作系统功能和访问文件系统的简便方法之外，还提供了大量文件与文件夹操作的方法，如表 6.3 所示。

表 6.3 os 模块的方法及功能说明

方法	功能说明
chdir(path)	把 path 设为当前工作目录
curdir	当前文件夹
environ	包含系统环境变量和值的字典
extsep	当前操作系统所使用的文件扩展名分隔符
get_exec_path()	返回可执行文件的搜索路径
getcwd()	返回当前工作目录
listdir(path)	返回 path 目录下的文件和目录列表

续表

方　法	功能说明
remove(path)	删除指定的文件，要求用户拥有删除文件的权限，并且文件没有只读或其他特殊属性
rename(src, dst)	重命名文件或目录，可以实现文件的移动，若目标文件已存在则抛出异常，不能跨越磁盘或分区
replace(old, new)	重命名文件或目录，若目标文件已存在则直接覆盖，不能跨越磁盘或分区
scandir(path='.')	返回包含指定文件夹中所有 DirEntry 对象的迭代对象，遍历文件夹时比 listdir()更加高效
sep	当前操作系统所使用的路径分隔符

程序 6.6 演示的是使用 os 模块的 scandir()函数输出当前文件夹。其中，第 4 行判断每个文件名是否以.py 结尾。

```
1   #程序 6.6  输出当前文件夹的所有文件
2   import os
3   for entry in os.scandir():
4       if entry.is_file and entry.name.endswith('.py'):
5           print(entry.name)
```

程序 6.7 演示的是遍历指定目录下所有子目录（文件夹）和文件。其中，第 4 行定义了递归函数，使用递归方法遍历文件；第 5 行 listdir()函数返回当前目录下的所有子目录和文件的列表；第 6 行 join()函数是将目录和子目录或者文件名按照字符串连接形成路径；第 9 行判断路径如果是目录则再次递归该函数，这种深度优先遍历算法在每次遇到目录时就优先遍历当前目录的所有文件，直到当前目录下不再有子目录才返回。

```
1   #程序 6.7  深度优先遍历文件
2   import os
3   from os.path import join, isfile, isdir
4   def listDirDepthFirst(directory):
5       for subPath in os.listdir(directory):# 深度优先遍历文件夹
6           path = join(directory, subPath)
7           if isfile(path):         #遍历文件夹，如果是文件就直接输出
8               print(path)
9           elif isdir(path):        #如果是文件夹，就输出显示，然后递归遍历该文件夹
10              print(path)
11              listDirDepthFirst(path)
12  listDirDepthFirst(os.getcwd())
```

输出结果在各系统上执行不尽相同，在此略过。

程序 6.8 实现了和程序 6.7 同样的功能用，不过使用的是广度优先遍历法。其中，第 5 行准备了一个列表存放目录，初始值为调用函数传进来的目录参数，只有一个元素，随着程序的执行，搜索到当前目录下的子目录都追加到该列表中；第 8 行取目录列表中的第 1 个元素，同时删除该元素，表示下面的程序第 9 行～第 15 行将对该元素做处理，因此下一次循环就没有必要再对该元素做循环了；第 15 行与深度优先算法不同的是，当遇到新的目录并

没有递归调用函数，而是将新目录追加到目录列表中，这种广度优先算法，优先搜索在搜索同级目录下的所有文件，然后再搜索下一级目录下的所有文件。

```
#程序 6.8  广度优先遍历文件
import os
from os.path import join, isfile, isdir
def listDirWidthFirst(directory):
    dirs = [directory]
    #如果还有没遍历过的文件夹，继续循环
    while dirs:
        current = dirs.pop(0)         #遍历还没遍历过的第一项
        for subPath in os.listdir(current):
            path = join(current, subPath)
            if isfile(path):          #遍历该文件夹，如果是文件就直接输出显示
                print(path)
            elif isdir(path):         #如果是文件夹，输出显示后，标记为待遍历项
                print(path)
                dirs.append(path)
listDirWidthFirst(os.getcwd())
```

2. os.path 模块

os.path 模块提供了大量用路径判断、切分、连接以及遍历文件夹的方法，如表 6.4 所示。

表 6.4 os.path 模块的方法

方　　法	说　　明
abspath(path)	返回给定路径的绝对路径
basename(path)	返回指定路径的最后一个组成部分
commonpath(paths)	返回给定的多个路径的最长公共路径
commonprefix(paths)	返回给定的多个路径的最长公共前缀
dirname(p)	返回给定路径的文件夹部分
exists(path)	判断文件是否存在
getatime(filename)	返回文件的最后访问时间
getctime(filename)	返回文件的创建时间
getmtime(filename)	返回文件的最后修改时间
getsize(filename)	返回文件的大小
isabs(path)	判断 path 是否为绝对路径
isdir(path)	判断 path 是否为文件夹
isfile(path)	判断 path 是否为文件
join(path, * paths)	连接两个或多个 path
realpath(path)	返回给定路径的绝对路径
relpath(path)	返回给定路径的相对路径，不能跨越磁盘驱动器或分区
samefile(f1, f2)	测试 f1 和 f2 这两个路径是否引用的同一个文件
split(path)	以路径中的最后一个斜线为分隔符把路径分隔成两部分，以元组形式返回
splitext(path)	从路径中分隔文件的扩展名
splitdrive(path)	从路径中分隔驱动器的名称

程序 6.9 演示的是 os.path 模块的用法。其中,第 3 行返回当前文件所在的目录,函数名中的 cwd 是 3 个单词的缩写,即 current working directory。由此,也可以看出在程序中变量和函数的命名如果取和功能相关的、有意义的单词组合会让程序的可读性大大提高,即使在想不到合适的单词时取一些中文拼音也不失为一种折中的选择。

```
1  #程序 6.9   os.path 模块
2  import os
3  path = os.getcwd()
4  print(os.path.dirname(path))                #返回路径的文件夹名
5  print(os.path.basename(path))               #返回路径的最后一个组成部分
6  print(os.path.split(path))                  #切分文件路径和文件名
```

6.3 图形和图像输出

图形和图像是非常直观的人机交互方式,图形的显示需要确定每个点的坐标位置,点本身没有亮度的概念,只有有无的概念,图形的坐标原点在左下角或平面的中心。图像中的每个点称为像素,图像的显示不需要确定像素的坐标,因为每个像素在图像矩阵的位置是已经确定的,每个像素有亮度的概念,图像的坐标原点在矩阵的 0 行 0 列的位置,也就是平面的左上角。Python 的 matplotlib 模块提供了绘制多种形式的图形,包括散点图、曲线图、曲面图等,是计算结果可视化的重要工具。

6.3.1 散点图

点是构成图形和图像的基础,所有图形都是由一些独立的点连成线,线连成面而成的。程序 6.10 是利用随机函数生成点,构成圆环的散点图,如图 6.3 所示。随机函数生成区间[0,1]均匀分布的点,将半径在区间[0.3,0.5]的点绘制在二维平面上。

```
#程序 6.10   绘制散点图
import numpy as np
import matplotlib.pyplot as plt
np.random.seed(100)
x = np.random.rand(3000,2)
index = []
for i in range(3000):
    if ((x[i,0] - 0.5) ** 2 + (x[i,1] - 0.5) ** 2)<= 0.25\
          and ((x[i,0] - 0.5) ** 2 + (x[i,1] - 0.5) ** 2)>= 0.1:
        index.append(i)
plt.scatter(x[index,0],x[index,1],c = 'm',s = 10,marker = 'D')
plt.show()
```

散点图绘制函数 scatter()的第 1 个参数是点的 x 坐标,第 2 个参数是点的 y 坐标,其他参数在使用默认值时,输出的是蓝色的圆点图,可以利用 3 个常用关键字的参数来设定自己的图形颜色、标记和大小,分别是 c(color)、marker 和 s(size)。读者可以根据表 6.5 和表 6.6 给出的常用的可选参数自行修改并查看效果。

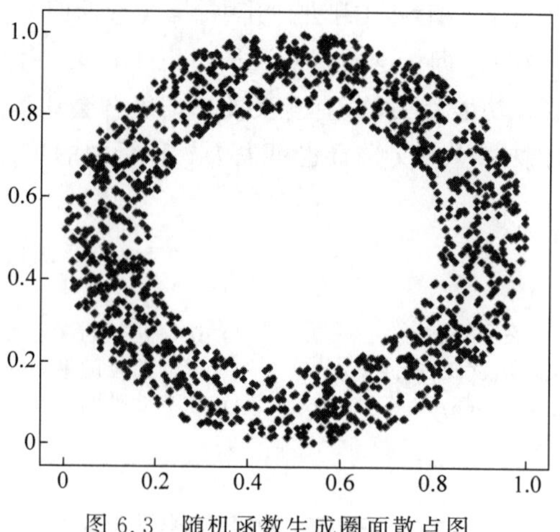

图 6.3　随机函数生成圈面散点图

表 6.5　绘图函数常用的颜色类型

颜色(c)	说　　明
r	红
g	绿
b	蓝
k	黑
m	紫
y	黄
c	青
w	白

表 6.6　绘图函数常用的标记类型

标记(marker)	说　　明	标记(marker)	说　　明
.	点	+	加
,	像素	D	钻石形
o	圆	d	瘦钻石形
v	下三角	H	六角形
^	上三角	s	正方形
<	左三角	p	五角形
>	右三角	*	星形
|	竖线	x	X形

6.3.2　曲线图

曲线图是在点图的基础上，系统自动填充两点之间的点形成两点之间一条线段。如果给定的两点之间的距离比较大，点比较稀疏，则图形呈现折线的形状；如果两点之间的距离足够小，点比较密集，则图形呈现曲线图。前面章节案例的图形输出中已经多次用到 plot() 函数绘制曲线图。程序 6.11 演示的是正弦和余弦曲线的绘制方法，绘制图形如图 6.4 所示。其中，第 5 行是准备正弦和余弦函数的 x 轴坐标点；第 6～7 行分别计算正弦和余弦函

数值作为 y 轴坐标点；第 10～11 行利用曲线绘制函数 plot()绘制曲线，该函数的第 1 个参数是 x 坐标值，第 2 个参数是 y 轴坐标值。其他用默认值参数。也可以像散点图那样设置曲线的颜色(color)、线型(linestyle)和线宽(linewidth)等，参数 linestyle 可以简写成 ls。例如，如果画虚线图则 ls='--'，参数 linewidth 可以简写成 lw，赋给一个需要线宽的整数就行。

```
1   #程序 6.11  绘制曲线图
2   import numpy as np
3   import matplotlib.pyplot as plt
4   import matplotlib
5   t = np.arange(0.0, 2.0 * np.pi, 0.01)                    # 自变量取值范围
6   s = np.sin(t)                                            # 计算正弦函数值
7   z = np.cos(t)                                            # 计算余弦函数值
8   matplotlib.rcParams['font.sans-serif'] = ['SimHei']
9   matplotlib.rcParams['axes.unicode_minus'] = False
10  plt.plot(t, s, label = '正弦')
11  plt.plot(t, z, label = '余弦')
12  plt.xlabel('x-变量', fontsize = 12)                      # 设置 x 标签
13  plt.ylabel('y-正弦余弦函数值', fontsize = 12)
14  plt.title('sin-cos 函数图像', fontsize = 14)
15  plt.legend()                                             # 设置图例
16  plt.show()
```

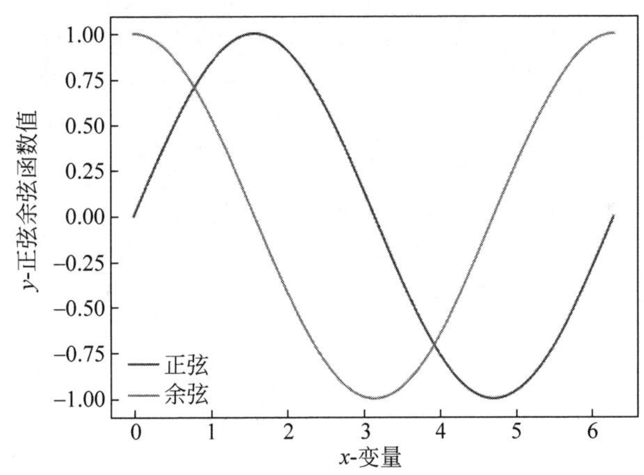

图 6.4 正弦和余弦曲线图形

6.3.3 三维曲线图

平面上能够绘制的最高维度的图形是三维图形，它和生活中的三维空间是对应的，所以即使画在二维平面上也是可以被人立体感知的。超过三维的图形本身就无法和生活中的空间对应，画在平面上就更加难以想象。三维图形实际描述的是一个二元函数，需要由 3 个坐标维度上的点绘制而成。程序 6.12 演示的是绘制三维螺旋曲线，如图 6.5 所示。其方法和绘制二维曲线相似，都是利用绘制函数 plot()绘制。其中，第 9 行是获取图形对象的当前坐标轴，指定是三维图形的坐标轴，函数名中的字符 gca 是 get current axes 的缩写；第 11 行～第 13 行分别是准备 x、y、z 3 个坐标轴上的坐标点。

```
#程序 6.12  绘制三维曲线
import matplotlib as mpl
from mpl_toolkits.mplot3d import Axes3D
import numpy as np
import matplotlib.pyplot as plt
mpl.rcParams['font.sans-serif'] = ['SimHei']
mpl.rcParams['axes.unicode_minus'] = False
fig = plt.figure()
ax = fig.gca(projection='3d')                    # 三维图形
theta = np.linspace(-4 * np.pi, 4 * np.pi, 101)
z = np.linspace(-4, 4, 101)
x = np.sin(theta)
y = np.cos(theta)
ax.plot(x, y, z, label='三维曲线')
ax.legend()
plt.show()
```

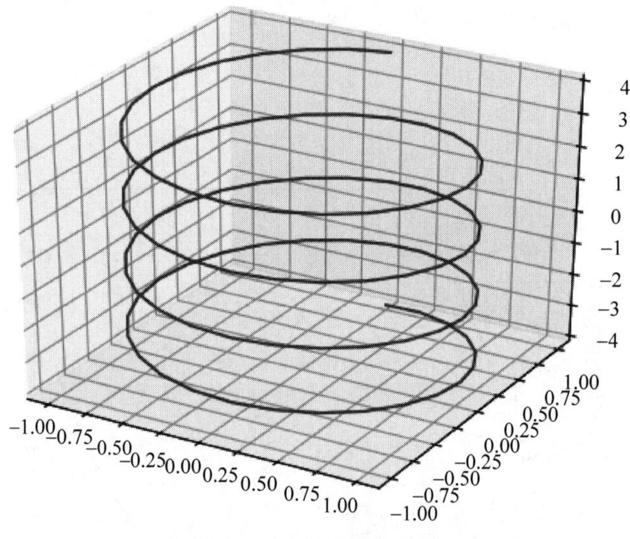

图 6.5 三维螺旋曲线图

6.3.4 三维曲面图

面图包括二维面图和三维面图。从点图出发来理解，面也是由点构成，只要确定点的三维坐标就能绘制三维面图。程序 6.13 演示的是对二维随机变量的标准高斯分布做一个变换后的三维曲面图，如图 6.6 所示。其中，第 7 行调用 meshgrid()函数分别对 x、y 坐标做横向和纵向的扩展，变成一个矩阵；第 8 行计算 z 轴坐标，由于 $\boldsymbol{x}$、$\boldsymbol{y}$ 是经过扩展得到的矩阵，所以 $\boldsymbol{z}$ 计算后也是一个矩阵；第 11 行利用曲面绘制函数 plot_surface()绘制面图，它的 3 个参数分别为 $\boldsymbol{x}$、$\boldsymbol{y}$、$\boldsymbol{z}$ 矩阵，在具体确定点的坐标时实际是取这 3 个矩阵对应的位置上的元素构成的三元组作为空间 3 个坐标点，如($\boldsymbol{x}$[0,0]，$\boldsymbol{y}$[0,0]，$\boldsymbol{z}$[0,0])就是图 6.5 坐标中心点的位置。

```
#程序 6.13  绘制三维曲面
from mpl_toolkits.mplot3d import Axes3D
from matplotlib import cm
import matplotlib.pyplot as plt
import math
u = np.linspace( - 3, 3, 101)
x, y = np.meshgrid(u, u)
z = x * y * np.exp( - (x ** 2 + y ** 2)/2) / math.sqrt(2 * math.pi) # 二维高斯分布的变换
fig = plt.figure()
ax = fig.add_subplot(111, projection = '3d')
ax.plot_surface(x, y, z, cmap = cm.Accent)
plt.show()
```

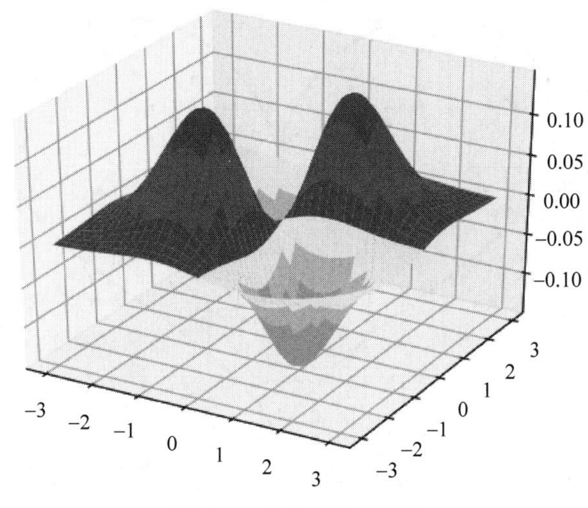

图 6.6　高斯三维曲面图

6.3.5　其他有趣的图形

很多有趣的图形都涉及计算机图形学的知识，只要确定图形的坐标就可以编写 Python 程序，调用 pyplot 模块中的绘图函数绘制各种复杂有趣的图形。

1. 爱心线

程序 6.14 绘制的是爱心线图形，输出图形如图 6.7 所示。爱心线是关于 $x=0$ 的轴对称图形，每一个 x 对应两个 y 值，这在函数理论中是不能实现的。函数理论要求一个 x 对应唯一的 y，利用正常的函数很难绘制这种爱心线图形。借助第 3 个变量，将 x 和 y 坐标都设置为该变量的函数，就可以轻松解决。

程序第 7 行是取区间[0,2π]线性分布的 100 个点，作为第 3 个变量 t 的值；第 8 行是取变量 t 的正弦函数的 3 次方作为 x 坐标值；第 9 行是取不同幅度不同频率的余弦函数的叠加作为 y 坐标值，有了这些确定点就可以绘制曲线图。

程序 6.14 中的 y 函数的不同频率的余弦函数前的系数，也不是一成不变的，可以尝试修改这些系数，改变图形的形状，了解每个系数所起到的作用。

```
#程序6.14  绘制爱心线
import numpy as np
import matplotlib.pyplot as plt
import matplotlib as mpl
mpl.rcParams['font.sans-serif'] = 'SimHei'
mpl.rcParams['axes.unicode_minus'] = False
t = np.linspace(0, 2 * np.pi, 100)
x = np.sin(t) ** 3
y = 10 * np.cos(t) - 5 * np.cos(2 * t) - 2 * np.cos(3 * t) - np.cos(4 * t)
plt.plot(x, y, 'r-', linewidth=2)
plt.grid(True)
plt.show()
```

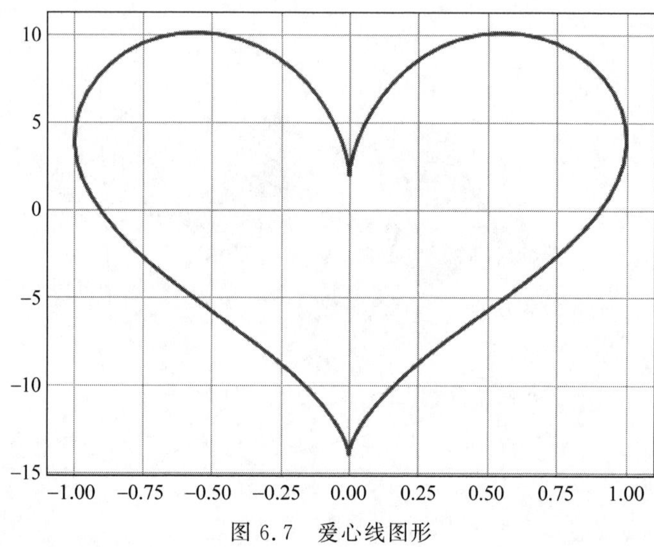

图6.7 爱心线图形

2. 棒棒糖

程序6.15绘制的棒棒糖曲线(如图6.8所示)由两个部分组成,第7行～第9行是设置8圈渐开线的坐标点,借助第3个变量 t 将 x 和 y 坐标设置为 t 的函数;第10行和第11行是准备嵌在棒棒糖中间的小棍儿的坐标点;第13行同时绘制棒棒糖的两个部分,渐开线为红色,小棍儿为绿色。

```
1   #程序6.15  绘制棒棒糖图形
2   import numpy as np
3   import matplotlib.pyplot as plt
4   import matplotlib as mpl
5   mpl.rcParams['font.sans-serif'] = 'SimHei'
6   mpl.rcParams['axes.unicode_minus'] = False
7   t = np.linspace(0, 50, num=1000)
8   x = t * np.sin(t) + np.cos(t)
9   y = np.sin(t) - t * np.cos(t)
10  x1 = np.zeros(20)
11  y1 = np.linspace(-80,0,20)
12  plt.figure(figsize=(5,7))
```

```
plt.plot(x, y, 'r-',x1,y1,'g-', linewidth=2)
plt.grid()
plt.show()
```

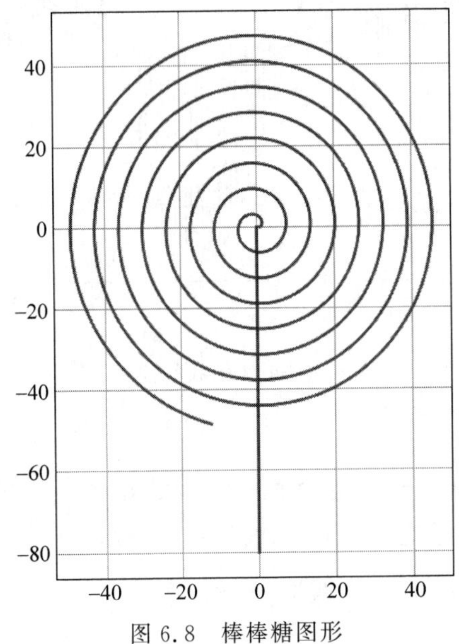

图 6.8　棒棒糖图形

3. 柱(条)状图

利用柱状图可以绘制带有阴影效果的图形,程序 6.16 绘制的是正弦函数的柱状图,限制每个条形的宽度,就能产生阴影的效果,如图 6.9 所示。程序第 8 行是准备普通的正弦函数;第 9 行绘制柱状图;第 10 行绘制正弦函数曲线;第 12 行将 x 轴的刻度顺时针旋转 60°,逆时针旋转时角度为正。

```
1   #程序 6.16  绘制柱状图
2   import numpy as np
3   import matplotlib.pyplot as plt
4   import matplotlib as mpl
5   mpl.rcParams['font.sans-serif'] = 'SimHei'
6   mpl.rcParams['axes.unicode_minus'] = False
7   x = np.arange(0, 10, 0.1)
8   y = np.sin(x)
9   plt.bar(x, y, width=0.05, linewidth=0.2)      #绘制柱状图,设置条形的宽度和线宽
10  plt.plot(x, y, 'r--', linewidth=2)
11  plt.title('Sin 曲线')
12  plt.xticks(rotation=-60)                      #x轴坐标刻度顺时针旋转60°
13  plt.xlabel('X')
14  plt.ylabel('Y')
15  plt.grid()
16  plt.show()
```

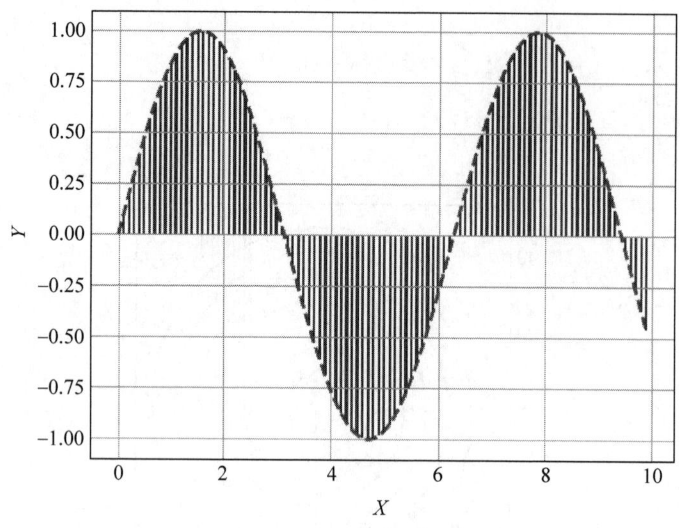

图 6.9　正弦函数的柱状图

4. 胸形线

胸形线来源于幂指函数 $y=x^x$，函数两边取对数并对 x 求导，令 $y'=0$，即在函数取最小值时，函数的导数为 0，这样就有(log 函数没有写底数，指底数可以为任意值)：

$$\log y = x\log x$$

$$\frac{1}{y}\cdot y' = \log x + 1$$

$$\log x + 1 = 0$$

$$x = \mathrm{e}^{-1}$$

$$y = (\mathrm{e}^{-1})^{1/\mathrm{e}}$$

当 $x=\mathrm{e}^{-1}$ 时，函数的最小值为 $y=(\mathrm{e}^{-1})^{1/\mathrm{e}}$，其在区间[0,1]的图形可以非常方便地绘制出来，如图 6.10 所示。有了这样的基本形状，只要将函数做一个翻转，并在极值点的地方做一点加工就有了胸形线的图形。

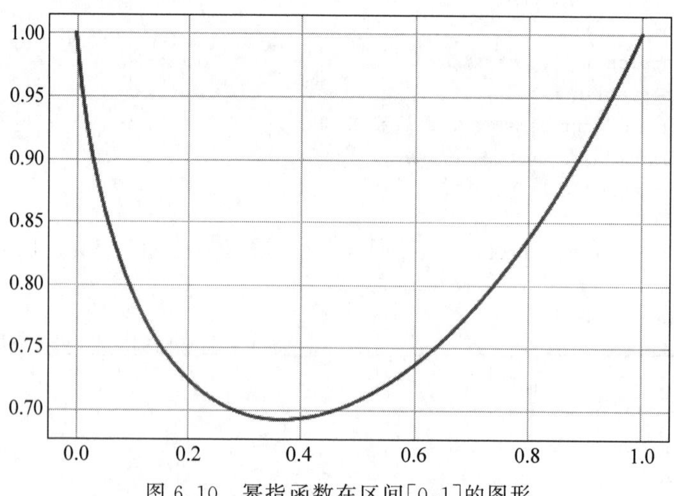

图 6.10　幂指函数在区间[0,1]的图形

程序 6.17 演示的是绘制胸形线图形。第 8 行加号左边是幂指函数取对数后的部分，加号右边是对函数的极值点做加工；第 13 行调用函数实现保存图片，如图 6.11 所示。

```
1   #程序 6.17  绘制胸形曲线图
2   import numpy as np
3   import matplotlib.pyplot as plt
4   import matplotlib as mpl
5   mpl.rcParams['font.sans-serif'] = 'SimHei'
6   mpl.rcParams['axes.unicode_minus'] = False
7   x = np.arange(1, 0, -0.001)
8   y = -3 * x * np.log(x) + np.exp(-(40 * (x - 1 / np.e)) ** 4) / 25
9   plt.figure(figsize=(5,7))
10  plt.plot(y, x, 'r-', linewidth=2)
11  plt.grid(True)
12  plt.title('胸形线', fontsize=12)
13  plt.savefig('breast.png')
14  plt.show()
```

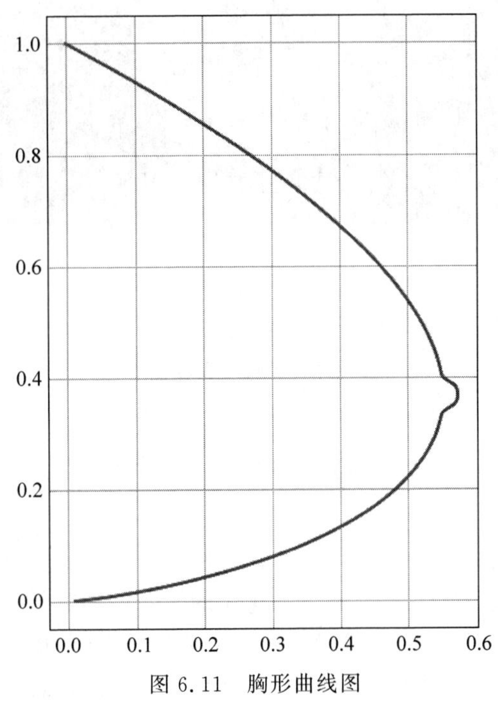

图 6.11　胸形曲线图

6.3.6　图像显示输出

图像的显示输出相对简单，图像矩阵已经给出每个像素点亮度的大小，在显示时只要根据亮度的大小进行着色即可。程序 6.18 演示的是加载机器学习包 sklearn 的数据集中的样本图像并显示的案例，如图 6.12 所示。

```
#程序6.18 显示图像
from sklearn import datasets
ims = datasets.load_sample_images()
import matplotlib.pyplot as plt
plt.imshow(ims['images'][1])
plt.show()
```

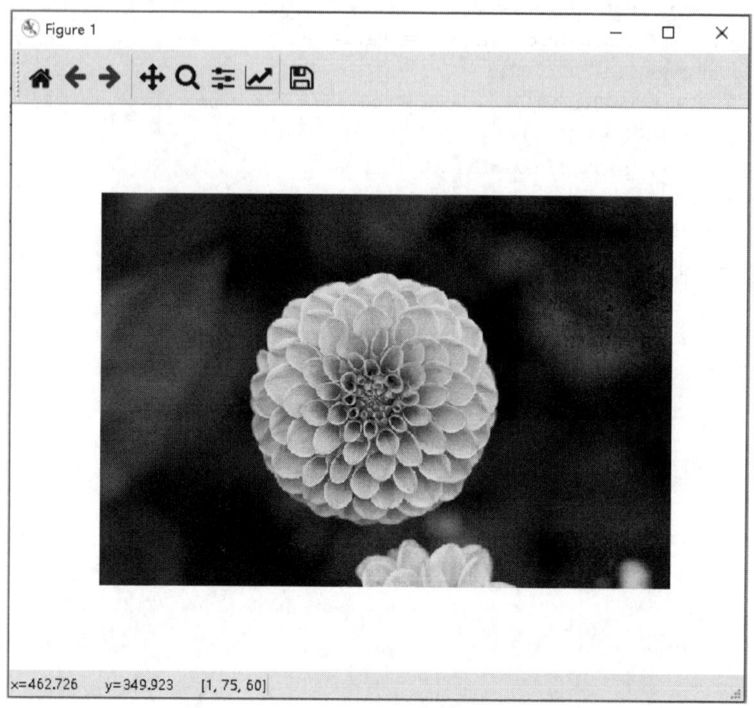

图 6.12 图像数据的显示

6.4 数据库访问与存储

保存少量非结构化的数据使用文件会非常方便；但对于大量的、有相同结构的数据，以及在会发生高频次的查询、插入、删除和更新操作的场合借助于数据库会轻松很多。本节主要介绍 Python 访问 MySQL 数据的情形。需要强调的是，这些操作和第 3 章所讲的序列结构操作发生的位置不一样，这里的操作发生在外部存储设备磁盘上，而第 3 章的序列结构操作发生在内存中。

6.4.1 关系数据库

数据库(DataBase，DB)是按照一定结构组织并长期存储在计算机内的、可共享的大量数据的集合。数据库具有永久存储、有组织和可共享 3 个基本特点。数据库中的数据是按照一定的结构——数据模型来进行组织的，即数据间有一定的联系。数据库的存储介质通常是硬盘，其他介质如光盘、U 盘等，可大量地、长期地存储及高效地使用。数据库中的数据能为众多用户所共享，能方便地为不同的应用服务。

如果数据库中的元素具有相同的结构，并且元素之间是一种线性关系，这样的数据库称为关系数据库。例如，一个保存所有学生各门功课的成绩的 Excel 表中的数据（如图 6.13 所示），每一行（记录）是一个学生的所有功课的成绩，是一个元素，这些元素都有相同的列（字段），行与行之间是一个接着一个的线性关系，这就可以看作是关系数据。这样的 Excel 文件虽然做到了在磁盘上永久存储，有组织，但是共享性差。如果将 Excel 文件中的数据保存到数据库中，这样的数据库就是关系数据库。

	A	B	C	D	E	F	G
1	班级	姓名	Python程序设计	传感技术	计算机网络	物联网基础	总分
2	物联网1班	杨康	86	89	85	88	348
3	物联网1班	郭襄	92	89	93	88	362
4	物联网1班	清扬	86	95	85	88	354
5	物联网1班	鲁有	95	89	90	92	366
6	物联网1班	王处	86	91	85	88	350
7	物联网2班	裘千	86	89	85	90	350

图 6.13　保存学生成绩表的 Excel 文件

数据库管理系统（Database Management System，DBMS）是位于用户和操作系统之间的一层数据管理软件，是数据库和用户之间的一个接口，主要作用是在数据库建立、运行和维护时对数据库进行统一的管理控制和提供数据服务。数据库管理系统是工具或桥梁，用户发出的或应用程序中的各种操作数据库的命令，都要通过它来执行。MySQL 就是一种典型的关系数据库管理系统。

6.4.2　MySQL 数据库管理系统

MySQL 是一款单进程多线程、支持多用户、基于客户端/服务器的关系数据库管理系统，以其开源、免费、体积小、便于安装、功能强大等特点成为了全球最受欢迎的数据库管理系统之一。可以从 MySQL 官方网站（https://www. mysql. com/）下载 MySQL Community Server (Windows MSI Installer)的最新版本并安装，当前最高版本为 8.0。默认的用户名为 root，端口为 3306，安装过程会提示设置访问密码，完成安装就可以操作数据库。

6.4.3　数据库操作

可以在本地利用 MySQL 自带的客户端操作数据库，如图 6.14 所示，进入安装目录下的 bin 目录（将该目录设置到环境变量，则可以直接访问），输入命令 mysql-u root-p，root 是用户名，输入这条命令按 Enter 键后系统会提示输入密码，然后输入正确的密码则登录进入 MySQL 数据库。进一步利用命令 show databases;（命令后带一个分号表示一条 SQL 语句的结束）可以查看数据库管理系统中的数据库。

在 Python 中操作数据库，首先应利用命令 pip install pymysql 安装驱动程序。访问和操作 MySQL 数据时，需要首先导入 pymysql 模块，然后创建一个与数据库关联的

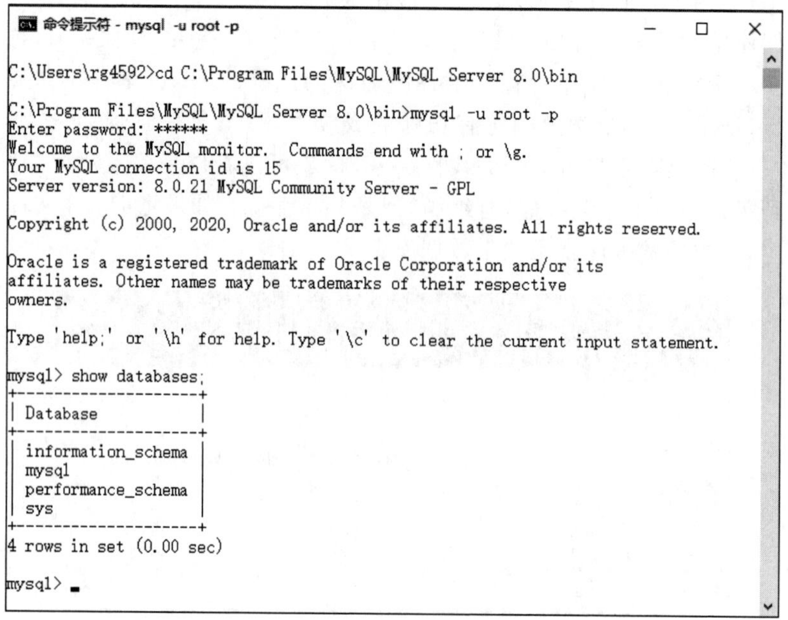

图 6.14　用 MySQL 自带的客户端访问数据库服务器

Connection 对象，如程序 6.19 中第 6 行调用 connect()返回一个 Connection 对象，该对象连接本机的 MySQL 数据库服务器，设置用户名和密码，密码就是安装 MySQL 时设置的密码。

成功创建 Connection 对象以后，再创建一个 Cursor 对象，并且调用 Cursor 对象的 execute()方法来执行 SQL 语句创建数据表以及查询、插入、修改或删除数据库中的数据。程序 6.19 第 8 行创建一个数据库 student_info；第 9 行转到新创建的数据库中操作；第 10 行创建一个关系表 student，表中有键 id、name 和 score 3 个字段；第 14 行在插入数据之前先清空表格；第 15 行和第 16 行分别插入一新的记录；第 18 行提交事务，此时将事务内数据库操作一次性保存到数据库；第 23 行查询数据库中的内容；第 26 行修改数据库中的内容并在接下来的第 27 行重新查询并输出。

```
1   #程序 6.19  MySQL 数据库操作
2   import pymysql
3   import warnings
4   warnings.filterwarnings('ignore')
5   # 打开数据库连接
6   con = pymysql.connect(host = 'localhost',user = 'root', passwd = '123456', charset = 'utf8')
7   cursor = con.cursor()
8   cursor.execute('create database if not exists student_info')
9   cursor.execute('use student_info')
10  cursor.execute('create table if not exists student(id int,name varchar(20),score int,
11  primary key(id))')
12  try:
13      # 执行 SQL 语句
14      cursor.execute('delete from student')
```

```
        cursor.execute("insert into student values(1,'huangrong',99)")
        cursor.execute("insert into student values(2,'guojing',100)")
        # 提交事务到数据库执行
        con.commit()   # 事务是访问和更新数据库的一个程序执行单元
except:
        # 如果发生错误则执行回滚操作
        con.rollback()
con.commit()
cursor.execute("select * from student")
results = cursor.fetchall()
print(results)
cursor.execute("update student set score = 88 where name = 'guojing'")
cursor.execute("select * from student")
results = cursor.fetchall()
print(results)
con.close()
```

Connection 类是 pymysql 模块中最基本也是最重要的一个类，其主要方法如表 6.7 所示。

表 6.7　Connection 对象的主要方法

方　法	说　明
execute(sql[, parameters])	执行一条 SQL 语句
executemany(sql[, parameters])	执行多条 SQL 语句
cursor()	返回连接的游标
commit()	提交当前事务，如果不提交的话，那么自上次调用 commit()方法之后的所有修改都不会真正保存到数据库中
rollback()	撤销当前事务，将数据库恢复至上次调用 commit()方法后的状态
close()	关闭数据库连接
create_function(name, num_params, func)	创建可在 SQL 语句中调用的函数，其中 name 为函数名，num_params 表示该函数可以接收的参数个数，func 表示 Python 可调用对象

游标 Cursor 是 pymysql 模块中比较重要的类，它有两个重要的对象方法 execute()和 fetchall()。execute()方法用于执行一条 SQL 语句，例如程序 6.19 中的数据库的创建，表的创建，数据的插入、删除、查询、更新都是通过该方法实现的。如果查询数据库，可用 fetchall()方法获取数据，该方法返回一个元组，其中的元素代表一行。

视频 12

6.5　机器学习中的线性回归

线性回归是最简单的机器学习方法之一。在数学上，线性反映的是自变量 x 和因变量 y 之间的关系，回归一词是英文单词 regression 的翻译。只要假设 x 和 y 之间是线性关系，这种线性关系是广义上的，即使多项式关系在图形上看并不是一根直线（严格意义上是非线性关系），但是也可以用这种模型来训练得到多项式的各次项的系数。因此，线性回归模型既有深厚的理论基础,又有应用上的广泛性,甚至通过多项式能够实现对一些非线性问题的建模。

在1.7.2小节中直接给出了线性回归的损失函数(目标函数)。从经验看损失函数是很自然的事情,取所有训练样本的预测值与真实值误差平方和作为损失函数,该函数的最小值对应的参数值就是期望的模型参数;直观看也是很合理的事情。但是数学上有没有理论依据呢?下面给出简单的推导过程。

从随机变量统计特性出发,预测值与真实值之间总有可能存在一个误差ε,这个随机变量的大小受到多个因素的影响,也就是多个随机变量的和,恰如3.7.3小节利用Python程序验证中心极限定理,不管随机变量服从什么分布,它们和的分布近似高斯分布。因此,有理由利用高斯分布$N(0,\sigma^2)$来描述ε,也就是公式(6.1)。

$$p(\varepsilon)=\frac{1}{\sqrt{2\pi}\sigma}\exp\left(-\frac{\varepsilon^2}{2\sigma^2}\right) \tag{6.1}$$

重写线性回归表达式:

$$h_\theta(x)=\sum_{i=0}^{n}\theta_i x_i=\theta^{\mathrm{T}}X \tag{6.2}$$

$$\varepsilon=y-h(x) \tag{6.3}$$

公式(6.2)中的$\theta^{\mathrm{T}}X$是一种向量表示形式。利用公式(6.3)即可将原来对误差随机变量的描述变换成另一种的有关目标y的似然函数,公式(6.4)中是一个样本的y的似然函数,如果每个样本是独立的,并且每个目标与预测值的误差都是服从公式(6.1)的分布,则所有样本的似然函数就可以写成公式(6.5)的形式。

$$p(y^{(i)}\mid x^{(i)};\theta)=\frac{1}{\sqrt{2\pi}\sigma}\exp\left(-\frac{(y^{(i)}-\theta^{\mathrm{T}}x^{(i)})^2}{2\sigma^2}\right) \tag{6.4}$$

$$L(\theta)=\prod_{i=1}^{m}p(y^{(i)}\mid x^{(i)};\theta)=\prod_{i=1}^{m}\frac{1}{\sqrt{2\pi}\sigma}\exp\left(-\frac{(y^{(i)}-\theta^{\mathrm{T}}x^{(i)})^2}{2\sigma^2}\right) \tag{6.5}$$

根据最大似然估计的原理求公式(6.5)的最大值,实际计算时取对数似然函数$l(\theta)=\log L(\theta)$。

$$\begin{aligned}l(\theta)&=\log\prod_{i=1}^{m}\frac{1}{\sqrt{2\pi}\sigma}\exp\left(-\frac{(y^{(i)}-\theta^{\mathrm{T}}x^{(i)})^2}{2\sigma^2}\right)\\&=\sum_{i=1}^{m}\log\frac{1}{\sqrt{2\pi}\sigma}\exp\left(-\frac{(y^{(i)}-\theta^{\mathrm{T}}x^{(i)})^2}{2\sigma^2}\right)\\&=m\log\frac{1}{\sqrt{2\pi}\sigma}-\frac{1}{\sigma^2}\cdot\frac{1}{2}\sum_{i=1}^{m}(y^{(i)}-\theta^{\mathrm{T}}x^{(i)})^2\end{aligned} \tag{6.6}$$

$$J(\theta)=\frac{1}{2}\sum_{i=1}^{m}(y^{(i)}-\theta^{\mathrm{T}}x^{(i)})^2 \tag{6.7}$$

当公式(6.6)取最大值时,恰好就得到公式(6.7)形式的损失函数,因此这样一个看似很经验的公式背后却是有深层的理论基础的。

参数θ的求解在4.4节给出了学习方式的梯度下降和5.5节给出的正规方程两种方法计算模型参数。至此,将线性回归模型的理论基础、损失方程的推导以及模型参数的求解等这些点串联起来就形成了一个闭环系统。机器学习中的模型很多,之所以用线性回归作为自始至终的案例模型，是因为该模型是机器学习中非常简单但又十分有效的模型，理解该模型对于理解机器学习有着框架性的意义。

程序 6.20 对波士顿房价再做预测，但不再像 1.7 节中只取数据集的部分数据和部分特征，而是将数据集的全部特征参与建模，将全部数据按照第 19 行中参数 0.7 规定的 70%用于训练，其余的 30%用于评估模型的性能。第 21 行引入管道对象，管道对象的参数是一个列表，列表元素是元组，每个元组定义了一个操作，例如第 1 步是第 22 行的标准化处理，第 2 步是计算多项式特征项，第 23 行中的 degree=1 规定了多项式最高项次数为 1，所以多项式的特征项就是 13 个特征本身再加上 1 个截距，第 3 步是第 24 行的定义线性回归模型，所有的训练数据和测试数据都经过管道对象处理一遍；第 26 行是模型训练，这一步实现的是 4.4 节和 5.5 节中求解模型参数的功能；第 27 行获取模型的训练参数，即 13 个特征的系数和 1 个截距总共 14 个值，以列表方式输出，在输出结果中可以看到；第 34 行计算测试样本的预测值与真实值之间的均方误差，这个值能够反映模型的泛化能力，值越小泛化能力越高；第 36 行～第 47 行绘制测试样本的预测值和真实值的曲线图，如图 6.15 所示。

```
1   #程序 6.20  波士顿房价预测
2   import numpy as np
3   import matplotlib as mpl
4   import matplotlib.pyplot as plt
5   from sklearn.model_selection import train_test_split
6   from sklearn.linear_model import LinearRegression
7   import sklearn.datasets
8   from sklearn.preprocessing import PolynomialFeatures, StandardScaler
9   from sklearn.pipeline import Pipeline
10  from sklearn.metrics import mean_squared_error
11  import warnings
12  warnings.filterwarnings(action = 'ignore')
13  data = sklearn.datasets.load_boston()
14  x = np.array(data.data)
15  y = np.array(data.target)
16  print(u'样本个数：%d，特征个数：%d' % x.shape)
17  print(y.shape)
18
19  x_train, x_test, y_train, y_test = train_test_split(x, y, train_size = 0.7, random_
20  state = 0)
21  model = Pipeline([
22      ('ss', StandardScaler()),
23      ('poly', PolynomialFeatures(degree = 1, include_bias = True)),
24      ('linear', LinearRegression(fit_intercept = False))])
25  print('开始建模...')
26  model.fit(x_train, y_train)
27  linear = model.get_params('linear')['linear']
28  print('系数：', linear.coef_.ravel())
29  order = y_test.argsort(axis = 0)
30  y_test = y_test[order]
31  x_test = x_test[order, :]
32  y_pred = model.predict(x_test)
```

```
r2 = model.score(x_test, y_test)
mse = mean_squared_error(y_test, y_pred)
print('均方误差:', mse)
t = np.arange(len(y_pred))
mpl.rcParams['font.sans-serif'] = [u'simHei']
mpl.rcParams['axes.unicode_minus'] = False
plt.figure(facecolor = 'w')
plt.plot(t, y_test, 'r-', lw = 2, label = '真实值')
plt.plot(t, y_pred, 'g-', lw = 2, label = '估计值')
plt.legend(loc = 'best')
plt.title('波士顿房价预测', fontsize = 14)
plt.xlabel('样本编号', fontsize = 12)
plt.ylabel('房屋价格', fontsize = 12)
plt.grid()
plt.show()
```

输出结果：

```
样本个数:506, 特征个数:13
(506,)
开始建模...
系数: [22.74548023 -1.01190059 1.05028027 0.07920966 0.618962 -1.87369102
  2.70526979 -0.27957264 -3.09766486 2.09689998 -1.88606339 -2.26110466
  0.58264309 -3.44049838]
均方误差: 27.195965766883198
```

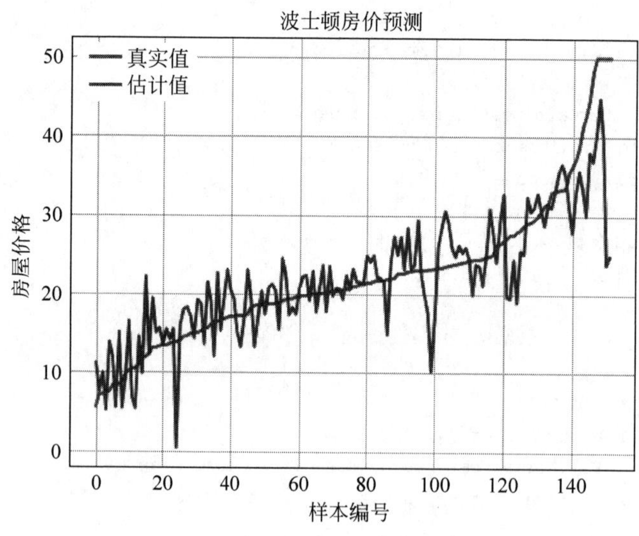

图 6.15　波士顿房价预测性能

相比较之前的程序，程序 6.20 的代码量增加了，但是如果用其他语言实现同样的功能，代码量会增加更多，读者一定要耐心地从一些功能点出发理解程序的一个段落，哪一段程序对应着哪一点，一段一段地理解，一段一段地编写，会发现写程序就和写文章一样，都是自然流露。没有谁天生就会写文章，都是在阅读大量的范文的基础上才会模仿范文的写法，写出自己的文章。程序也是一样的道理，编写出高效的程序都是建立在耐心阅读、理解大量高手所编写的程序基础之上。

6.6 实　　验

1. 实验目的

(1) 掌握文本文件和二进制文件的读写方法。

(2) 掌握文件夹中文件遍历方法。

(3) 掌握散点图和曲线图的绘制方法。

2. 实验内容

(1) 编写程序实现将当前文件的内容复制到另外一个新的文件中并添加行号,要求行号以#开始,参考程序 6.21。

```
#程序 6.21　复制文本文件并添加行号
import os
filename = os.path.basename(__file__)
with open('test.py','r') as fp:
    lines = fp.readlines()
max_len = len(max(lines,key = len))
lines = ['#' + str(index + 1) + line.rstrip() + '\n' for index,line in enumerate(lines)]
with open(filename[:-3] + '_new.py','w') as fp:
    fp.writelines(lines)
```

(2) 编写程序绘制信号 $y=\sin(2x)+\sin(3x+\pi/4)+\sin(5x)$ 的图形,对 y 做傅里叶变换,绘制信号的频谱,参考程序 6.22。

```
#程序 6.22　时域信号和频域信号绘图
import numpy as np
import matplotlib as mpl
import matplotlib.pyplot as plt
mpl.rcParams['font.sans-serif'] = [u'simHei']
mpl.rcParams['axes.unicode_minus'] = False
x = np.linspace(0, 2*np.pi, 16, endpoint = False)
#print('时域采样值:', x)
y = np.sin(2*x) + np.sin(3*x + np.pi/4) + np.sin(5*x)
N = len(x)
f = np.fft.fft(y)
a = np.abs(f/N)
iy = np.fft.ifft(f)
plt.subplot(211)
plt.plot(x, y, 'go-', lw = 2)
plt.title(u'时域信号', fontsize = 12)
plt.grid(True)
plt.subplot(212)
w = np.arange(N) * 2*np.pi / N
plt.stem(w, a, linefmt = 'r-', markerfmt = 'ro')
plt.title(u'频域信号', fontsize = 12)
plt.grid(True)
plt.show()
```

(3) 参考程序 6.20 加载波士顿房价数据，利用线性回归模型对房价数据进行训练，并将训练得到的模型保存为二进制文件，再打开刚刚保存的二进制文件，重新加载模型对房价数据做预测。

(4) 根据每一步的结果写出实验报告。

本章小结

本章主要介绍了不同类型的文件操作，包括文本文件和二进制文件的读写方法，文件夹相关的操作模块，以及图形绘制、图像的显示等。人机交互离不开输入输出操作，本章是输入输出的一部分，除此之外还有前面章节所涉及的控制台输入输出，甚至还有数据库输入输出，这些都是人机交互的必要手段。

习　　题

一、选择题

1. 可以使用(　　)函数接收用户输入的数据。

A. accept()　　B. input()　　C. readline()　　D. login()

2. 在 print()函数的输出字符串中可以将(　　)作为参数，代表后面指定要输出的字符串。

A. %d　　B. %c　　C. %s　　D. %t

3. 调用 open()函数可以打开指定文件，在函数中访问模式可以用(　　)表示只读。

A. 'a'　　B. 'w+'　　C. 'r'　　D. 'w'

二、填空题

1. I/O 是________/________的缩写，即输入输出。
2. 打开文件后可以对文件进行读写，操作完成后应该调用________方法关闭文件。
3. 可以使用________方法读取文件的所有行。
4. 使用________方法可以获取文件指针的位置。
5. 使用 os 模块的________函数可以获取当前目录。

三、程序和简答题

1. 编写程序实现新建一个文件并命名为 test_file，向文件中写入字符串"hello world"，保存文件。
2. 读取上一题中的 test_file 文件，将其中的字符串变为大写，另存为一个二进制文件。
3. 阐述文本文件和二进制文件的区别。
4. 绘制散点图、曲线图以及曲面图所用的函数是哪些？参数是什么？
5. 编写 Python 程序绘制一个圆形，同时填充圆面为红色。
6. 摄像头采集一幅自己的照片，利用 Python 程序显示出来。
7. 编写 Python 程序列出当前目录下包括子目录下的所有文件。

第7章 面向对象程序设计

Python 语言是面向对象的程序设计语言。在 Python 中,“一切皆对象”,基于此有必要了解面向对象技术。这里的对象是从英文单词 object 翻译过来的。object 除了有对象的意思之外,还有目标、客观、物体等的解释,所以面向对象技术本身也有面向目标,从客观物体出发的意思。与这些词相对的一面就是过程、主观、主体等。我们可以直观地认为,面向过程的语言的特点是与这些词联系在一起的。由此可见,面向对象和面向过程是两个不同的、完全相对的程序设计的体系(或者说编程思想)。

类是面向对象技术中的基本概念之一,可以理解成一个模板,通过它可以创建无数个具体实例。类从客观事物本身出发,将事物具有的属性和方法封装在一起,形成一个能够代表一类事物的类,在需要一个具体事物的场合就用这个类来实例化一个具体的对象。这好比所有的人可以抽象为一个人类,将人具有的属性和方法封装在其中,而张三这个人就是人类实例化的具体对象。当需要李四这样的人时,只需要再次用人这个类实例化一下,就像工厂化生产对象一样非常方便。联系到机器学习中,当需要一个线性回归对象时,只要利用事前写好的线性回归类生产一个对象就可以了。不管是第 5 章讲的函数还是本章的面向对象,都是软件工程中的一种重用(重复使用)技术,只不过重用的粒度大小不一样而已。类的重用粒度相对于函数而言要大。

7.1 类的定义与使用

Python 使用 class 关键字来定义类,class 关键字之后是一个空格,接下来是类的名字。如果派生自其他基类,则需要把所有基类放到一对圆括号中并使用逗号分隔,然后是一个冒号,最后换行并定义类的内部实现。

类名的首字母一般要大写,也可以按照自己的习惯定义类名。一般推荐参考惯例来命名,并在整个系统的设计和实现中保持风格一致。

定义了类之后,就可以用来实例化对象,并通过“对象名.成员”的方式来访问其中的数据成员或成员方法。

在 Python 中,可以使用内置函数 isinstance()来测试一个对象是否为某个类的实例,或者使用内置函数 type()查看对象类型。

在程序 7.1 中,第 2 行利用 class 关键字定义了一个类 Person,该类中封装了一个方法 info();第 5 行在类名 Person 后加上一对括号(),就可以实例化一个对象赋给 zhangsan,这时 zhangsan 就是一个具体的人，一个有时间和空间存在的鲜活(alive)对象。在计算机上所谓时间和空间往往对应着 CPU 时间和内存空间，表示该对象占有 CPU 机时和内存的地址，而不是概念上的类。

```
#程序 7.1  类的定义
class Person():                          #定义一个类
    def info(self):                      #定义成员方法
        print('I\'m a person.')
zhangsan = Person()                      #实例化对象
zhangsan.info()                          #调用对象的成员方法
print(isinstance(zhangsan, Person))      #测试 zhangsan 是否为 Person 类的实例
print(type(zhangsan))                    #查看 zhangsan 的类型
```

输出结果：

```
I'm a person.
True
<class '__main__.Person'>
```

Python 提供一个关键字 pass，什么都不执行，可以用在类和函数的定义或者选择结构中，表示空语句。如果暂时没有确定如何实现某个功能，或者为以后的软件升级预留空间，可以使用关键字 pass 来占位(placehold)，参考程序 7.2。

```
#程序 7.2  pass 占位符
class Test():
    pass
```

7.2 封　　装

封装是面向对象的一个基本语法，是将与某个客观事物相关的数据和操作封装起来。这里的数据在面向对象中一般称为属性，操作一般称为方法。这些属性和方法都是类的成员(member)。

7.2.1 私有成员和公有成员

私有成员在类的外部不能直接访问，只能在类的内部进行访问和操作，或者在类的外部通过调用对象的公有成员方法来访问；而公有成员是可以公开使用的，既可以在类的内部进行访问，也可以在外部程序中使用。

默认情况下，Python 类中的成员都是公有(public)的，它们的名称前没有下画线。如果类中的成员，其名称以双下画线__开头，则该变量(函数)为私有成员，类似于 Java 语言中的 private 修饰的成员。

需要注意的是，Python 类中还有以双下画线开头和结尾的类方法，例如，类的构造函数 __init__(self)，这些是 Python 内部定义的，用于 Python 内部调用。在定义类属性或者类方法时，不要使用这种格式。

程序 7.3 中，第 9 行试图在类 Person 的外部访问私有成员__eat()时抛出异常，异常的

类型是属性错误，Person 对象没有属性__eat，这其实是访问权限的问题。

“.”成员访问运算符，可以用来访问命名空间、模块、或对象中的成员。在 PyCharm 集成开发环境中，对象或类名后加上一个圆点之后会自动列出所有公有成员。如果在圆点后再加一个下画线，则会列出该对象或类的所有成员，包括私有成员。

```
#程序 7.3  私有成员的访问
class Person():                        #定义一个类
    def info(self):                    #定义公有成员方法访问私有成员
        self.__eat()
    def __eat(self):                   #定义私有成员方法
        print('eat() is private')
zhangsan = Person()                    #实例化对象
zhangsan.info()
zhangsan.__eat()                       #类的外部不能访问，抛出异常
```

输出结果：

```
eat() is private
AttributeError: 'Person' object has no attribute '__eat'
```

在 Python 中，以下画线开头的变量名和方法名有特殊的含义，尤其是在类的定义中。

(1) _xxx：以一个下画线开头，受保护成员，只有类对象和子类对象可以访问这些成员，在类的外部一般不建议直接访问。

(2) __xxx__：前后各两个下画线，系统定义的特殊成员。

(3) __xxx：以两个或更多下画线开头但是不以两个下画线结束，表示私有成员，只有类对象自己能访问，子类对象也不能直接访问这个成员。

7.2.2 属性

属性可以大致分为两类：属于对象的属性和属于类的属性。属于对象的属性，也称实例属性，一般在构造方法__init__()中定义，也可以在其他成员方法中定义，在定义和在实例方法中访问实例属性时以 self 作为前缀，同一个类的不同实例的属性之间互不影响；属于类的属性，称类属性，是该类所有对象共享的，不属于任何一个对象，在定义类时类属性一般不在任何一个成员方法的定义中。

在主程序中或类的外部，实例属性只能通过对象名访问；而类属性可以通过类名或对象名访问。这一点和 C++、Java 等面向对象语言是一致的。

程序 7.4 中定义了一个类属性 count，用来计数“生产”的具体人的对象个数。在__init__()方法中定义了人的姓名 name 和人的年龄 age 两个对象属性，第 5 行有两个 name，第 1 个是对象属性，第 2 个 name 是__init__()构造方法的形参，即使名字相同也不会冲突，第 6 行也是类似。每次实例化一个对象，类属性 count 就加 1，这是利用了类属性在不同对象之间的共享性。

```
1  #程序 7.4  类属性的访问
2  class Person():
3      count = 0                       #定义类属性
4      def __init__(self,name,age):
```

```
        self.name = name                    #定义实例属性
        self.age = age
        Person.count += 1
zhangsan = Person('zhangsan',20)            #实例化对象
print(Person.count)                         #访问类属性
```

输出结果：

```
1
```

7.2.3 方法

Python 类的成员方法分为实例方法、静态方法和类方法 3 种类型。通常情况下，在类中定义的方法默认是实例方法。类的构造和析构方法理论上也属于实例方法，只不过它比较特殊。构造方法__init__()在创建对象时初始化对象；析构方法__del__()在对象销毁时执行操作，一般用于资源回收。Python 有垃圾回收机制，会自动调用__del__()方法，也可自己调用。

实例方法必须至少有一个名为 self 的参数，并且必须是方法的第 1 个形参(如果有多个形参)。self 参数代表当前对象，这里的 self 有点类似 C++和 Java 预压中的 this 指针。在实例方法中访问实例成员时需要以 self 为前缀，但在外部通过对象名调用对象方法时并不需要传递这个参数。

静态方法和类方法都可以通过类名和对象名调用，但不能直接访问属于对象的成员，只能访问属于类的成员。静态方法和类方法不属于任何实例，不会绑定到任何实例，也不依赖于任何实例的状态，与实例方法相比能够减少很多开销。

类方法一般以 cls 作为类方法的第 1 个参数，表示该类自身。在调用类方法时，不需要为该参数传递值；静态方法则可以不接收任何参数。

程序 7.5 演示的是 3 种不同方法的访问。其中，第 21 行使用类名调用静态方法；第 22 行使用对象名调用静态方法。另外，对象在销毁时自动调用了析构方法，输出了销毁对象的信息。

```
1   #程序 7.5  成员方法的访问
2   class Person():
3       count = 0
4       def __init__(self,name,age):
5           self.name = name
6           self.age = age
7           Person.count += 1
8       def eat(self):
9           print('人每天都要吃饭')
10      @classmethod                        #类方法定义前的修饰符
11      def info_cls(cls):
12          print("已经创建了 %d 个人" % cls.count)
13      @staticmethod                       #静态方法定义前的修饰符
14      def info_sta(name):
```

```
            print(name + '是第 % d 个人' % Person.count)
        def __del__(self):
            print("销毁对象{0}".format(self)))
zhangsan = Person('zhangsan',20)                    #实例化对象
zhangsan.eat()                                      #访问实例方法
Person.info_cls ()                                  #访问类方法
Person.info_sta ('zhangsan')                        #类名调用静态方法
zhangsan.info_sta ('zhangsan')                      #对象名调用静态方法
```

输出结果：

```
人每天都要吃饭
已经创建了 1 个人
zhangsan 是第 1 个人
zhangsan 是第 1 个人
销毁对象<__main__.Person object at 0x0000017CBF8E4E48 >
```

7.3 继承、多态

面向对象程序设计语言之所以能有如此强大的生命力，很大的原因在于其继承和多态的功能，Python 语言也是如此。继承和多态在不同的语言上的实现略有不同，这里主要介绍继承和多态在 Python 语言中如何实现，在今后的系统设计上如何灵活运用这两个功能。

7.3.1 继承

继承也是面向对象程序设计的重要特性之一。设计一个新类时，如果可以继承一个已有的、设计好的、且有很多共性的类，会减少很多重复工作，提高开发效率。

在继承关系中，已有的类或者被继承的类称为父类或基类，继承的类称为子类或派生类。派生类可以继承父类的公有成员，但是不能继承其私有成员。如果需要在派生类中调用基类的方法，可以使用父类函数 super()或者通过“基类名.方法名()”的方式来实现这一目的。继承的语法很简单，就是在类定义时将父类的类名写在括号内即可：

```
class subclass(parent_class):
    pass
```

程序 7.6 演示的是 American_Person 类继承父类 Person。在 American_Person 类中就具备了 Person 类所有具有的属性和方法，即子类与父类有共性的属性和方法无须重复定义，所以在第 13 行可以直接调用 eat()方法；但是 American_Person 类有别于父类，多了一个人种的属性，因为美国人有白人和黑人之分，所以在第 9 行重新定义构造函数，增加形参 renzhong；第 10 行调用父类的构造函数；第 11 行将形参赋给新增的人种属性。

```
1  #程序 7.6  类的继承
2  class Person():
3      def __init__(self,name,age):
4          self.name = name
5          self.age = age
```

```
    def eat(self):
        print('人每天都要吃饭')
class American_Person(Person):
    def __init__(self,name,age,renzhong):
        super(American_Person, self).__init__(name,age)
        self.renzhong = renzhong
jack = American_Person('jack',40,'white')
jack.eat()
```

输出结果：

人每天都要吃饭

视频 13

7.3.2 多态

所谓多态(polymorphism)，是指基类的同一个方法在不同派生类对象中具有不同的表现和行为。派生类继承了基类行为和属性之后，还会增加某些特定的行为和属性，同时还可能对继承来的某些行为进行一定的改变，这都是多态的表现形式。所有面向对象语言在多态这个概念上是一致的。

多态是通过重写(overwrite)来实现的，在子类中重写父类的方法以满足子类在该方法上的新的表现行为的要求。

程序 7.7 演示的是多态这种语法形式。在父类 Person 中已经定义了 eat()方法，但是在接下来的两个子类 American_Person 和 Chinese_Person 中，中国人和美国人吃饭有不同的方式，美国人习惯用刀叉吃饭，中国人习惯用筷子吃饭，在 eat()这个方法上就出现了不同的表现形式，这就是多态。

```
#程序 7.7  多态
class Person():
    def __init__(self,name,age):
        self.name = name
        self.age = age
    def eat(self):
        print('人每天都要吃饭')
class American_Person(Person):
    def __init__(self,name,age,renzhong):
        super(American_Person, self).__init__(name,age)
        self.renzhong = renzhong
    def eat(self):
        print('美国人吃饭用刀叉')
class Chinese_Person(Person):
    def eat(self):
        print('中国人用筷子吃饭')
wangwu = Chinese_Person('王五',40)
wangwu.eat()
jason = American_Person('Jason',32,'white')
jason.eat()
```

输出结果：

```
中国人用筷子吃饭
美国人吃饭用刀叉
```

多态在其他面向对象语言(如 Java)中表现会更加突出，子类实例化的对象赋给父类型的变量，这时该变量会表现子类的行为。程序 7.8 演示的是多态在 Java 语言程序中的表现形式。程序 7.8 是对程序 7.7 的翻译，实现了同样的功能，定义了 4 个类。其中，1 个父类，两个子类，这 3 个类名和程序 7.7 中的类名相同，还有 1 个主类 Test。父类的 eat()方法在两个子类中有了新的表现形式。不一样的是，在主类中第 34 行，一个父类的变量接收一个子类实例化对象的赋值，第 35 行调用该对象的方法时却表现的是子类的行为，这就是多态语法神奇的地方。这种神奇之处在程序 7.7 中表现得并不是十分明显，因为在 Python 语言中实例化子类对象后，并没有赋给一个父类变量。

```
1   #程序 7.8  多态在 Java 语言程序中的表现形式
2   package Test;
3   class Person{
4       private String name;
5       private int age;
6       Person(String name,int age){
7           this.name = name;
8           this.age = age;
9       }
10      public void eat() {
11          System.out.print("人每天都要吃饭");
12      }
13  }
14  class American_Person extends Person{
15      private String renzhong;
16      American_Person(String name, int age,String renzhong) {
17          super(name, age);
18          this.renzhong = renzhong;
19      }
20      public void eat() {
21          System.out.println("美国人吃饭用刀叉");
22      }
23  }
24  class Chinese_Person extends Person{
25      Chinese_Person(String name, int age) {
26          super(name, age);
27      }
28      public void eat() {
29          System.out.println("中国人吃饭用筷子");
30      }
31  }
32  public class test {
33      public static void main(String[] args) {
34          Person p = new American_Person("Jason",34,"white");
```

```
        p.eat();
        Person p1 = new Chinese_Person("zhangsan",33);
        p1.eat();
    }
}
```

输出结果：

```
美国人吃饭用刀叉
中国人吃饭用筷子
```

程序7.8实现了程序7.7同样的功能，但是Java的代码量是Python的两倍，通过这个示例程序再次感受Python语言精简的魅力。

7.4 特殊方法

Python类有大量的特殊方法，比较常见的是构造方法和析构方法。除此之外，Python还支持大量的特殊方法，是通过方法重写实现的。

Python中类的构造方法是__init__()，一般用来为数据成员设置初值或进行其他必要的初始化工作，在创建对象时被自动调用和执行。如果用户没有设计构造方法，Python将提供一个默认的构造方法进行必要的初始化工作。

Python中类的析构方法是__del__()，一般用来释放对象占用的资源，在Python删除对象和收回对象空间时被自动调用和执行。如果用户没有编写析构方法，Python将提供一个默认的析构方法进行必要的清理工作。

除了构造和析构方法之外，还有大量的特殊方法支持更多的功能，如运算符重载就是通过在类中重写特殊方法实现的。在自定义类时，如果重写了某个特殊方法，即可支持对应的运算符或内置函数，具体实现什么工作则完全由程序员根据实际需要来定义。表7.1列出了Python类常用的特殊成员。

表7.1 Python类常用的特殊成员

方法	功能说明
__new__()	类的静态方法，用于确定是否要创建对象
__init__()	构造方法，创建对象时自动调用
__del__()	析构方法，释放对象时自动调用
__add__()	+
__sub__()	-
__mul__()	*
__truediv__()	/
__floordiv__()	//
__mod__()	%
__pow__()	**
__eq__()、__ne__()、 __lt__()、__le__()、 __gt__()、__ge__()	==、!=、 <、<=、 >、>=

续表

方　　法	功 能 说 明
__lshift__()、__rshift__()	<<、>>
__and__()、__or__()、 __invert__()、__xor__()	&、|、 ～、^
__iadd__()、__isub__()	＋＝、－＝，很多其他运算符也有与之对应的复合赋值运算符
__pos__()	一元运算符＋，正号
__neg__()	一元运算符－，负号
__contains__ ()	与成员测试运算符 in 对应
__radd__()、__rsub__	反射加法、反射减法，一般与普通加法和减法具有相同的功能，但操作数的位置或顺序相反，很多其他运算符也有与之对应的反射运算符
__abs__()	与内置函数 abs()对应
__bool__()	与内置函数 bool()对应，要求该方法必须返回 True 或 False
__bytes__()	与内置函数 bytes()对应
__complex__()	与内置函数 complex()对应，要求该方法必须返回复数
__dir__()	与内置函数 dir()对应
__divmod__()	与内置函数 divmod()对应
__float__()	与内置函数 float()对应，要求该方法必须返回实数
__hash__()	与内置函数 hash()对应
__int__()	与内置函数 int()对应，要求该方法必须返回整数
__len__()	与内置函数 len()对应
__next__()	与内置函数 next()对应
__reduce__()	提供对 reduce()函数的支持
__reversed__()	与内置函数 reversed()对应
__round__()	与内置函数 round()对应
__str__()	与内置函数 str()对应，要求该方法必须返回 str 类型的数据
__repr__()	打印、转换，要求该方法必须返回 str 类型的数据
__getitem__()	按照索引获取值
__setitem__()	按照索引赋值
__delattr__()	删除对象的指定属性
__getattr__()	获取对象指定属性的值，对应成员访问运算符“.”
__getattribute__()	获取对象指定属性的值，如果同时定义了该方法与__getattr__()，那么__getattr__()将不会被调用，除非在__getattribute__()中显式调用__getattr__()或者抛出 AttributeError 异常
__setattr__()	设置对象指定属性的值
__base__	该类的基类
__class__	返回对象所属的类
__dict__	对象所包含的属性与值的字典
__subclasses__()	返回该类的所有子类
__call__()	包含该特殊方法的类的实例，可以像函数一样调用
__get__()	定义了这 3 个特殊方法中任何一个的类称作描述符(descriptor)，描述符对象一般作为其他类的属性来使用，这 3 个方法分别在获取属性、修改属性值或删除属性时被调用
__set__()	
__delete__()	

在面向对象程序设计时,以上这些特殊成员可以直接调用。当自己的程序需要的表现形式和这些方法固有的功能不一致时,可以在自己的类中重写这些方法。

7.5 机器学习中的线性分类

视频 14

生活中的很多事情在数学上可以看作是一个分类的问题。例如,门禁系统让哪些人能进,让哪些人不能进,就是将人做二分类,能够进的归为一类标签为 1,不能进的归为另一类标签为 0 或者 −1。在机器学习中,将这种目标值为一些离散的值情况称为分类。这里试图利用线性模型来分类,重点分析二分类的问题,多分类其实是在二分类基础上的扩展。在 6.5 节利用线性模型做回归预测房价,那里的房价是一种连续值,显然不能直接利用其中的模型,需要稍加改造。

6.5 节从样本高斯分布出发,给出似然函数,推导了线性回归的损失函数,然后利用梯度下降算法或者正规方程求解模型参数就能对未知样本做预测。二分类问题可以看作是关于随机变量(标签)y 的两点分布。假设 $h(x)$是 y 为 1 类的概率,那 y 为 0 类的概率就是 $1-h(x)$,如公式(7.1),合并起来就是公式(7.2),这就是一个样本在给定 x 的似然函数,如果所有的样本都是服从如公式(7.1)所示的两点分布,并且相互独立,则所有训练样本的似然函数就是每个样本的似然函数的乘积,利用极大似然估计的原理就能计算模型参数。这样做的前提是,$h(x)$是能够描述 y 为 1 类概率。如果像 6.5 节那样直接将 $h(x)$表示成 x 的特征的线性函数是得不到概率的,因此这需要一个叫作 Logistic()函数将原来 $h(x)$变换到概率区间[0,1]。

$$\begin{aligned} p(y=1) &= h(x) \\ p(y=0) &= 1-h(x) \end{aligned} \tag{7.1}$$

$$p(y)=h(x)^y(1-h(x))^{1-y} \tag{7.2}$$

1. Logistic()函数

Logistic()函数又称 Sigmoid()函数,表达式如公式(7.3)。为什么这个函数能将任何数变换到概率空间上,背后也有一套理论,这里略过推导,感兴趣的读者可以自行查找相关资料。总之,任何一个公式都不是无缘无故产生的,只不过有时在半途看到一个公式似乎有些突兀,要想探究其深层次的理论,就得深入窥探它的来历和推导过程,也就能够有一种系统观。

$$g(z)=\frac{1}{1+\mathrm{e}^{-z}} \tag{7.3}$$

程序 7.9 演示的是 Logistic()函数曲线,如图 7.1 所示。其中,第 5 行在 numpy 包的帮助下,可以直接依公式(7.3)利用向量编写程序,而不需要对向量的元素再去写循环操作。

```
1  #程序 7.9  Logistic()函数曲线
2  import numpy as np
3  import matplotlib.pyplot as plt
4  z = np.linspace(-5,5,101)
5  g = 1/(1 + np.exp(-z))
6  plt.plot(z,g)
```

```
plt.xlabel('z')
plt.glabel('g(z)')
plt.grid()
plt.show()
```

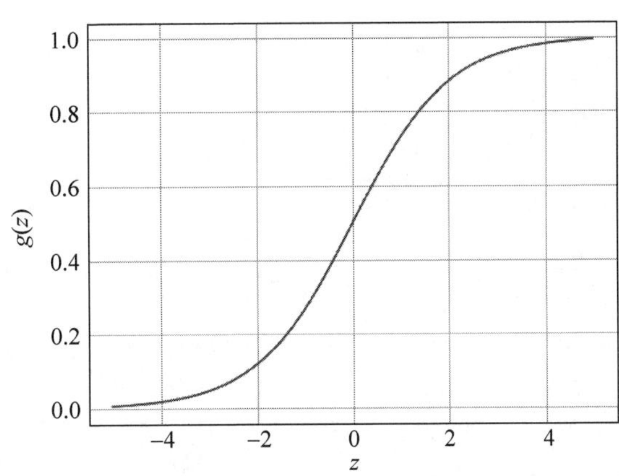

图 7.1　Logistic 函数曲线

从图 7.1 的 Logistic 函数曲线可以看出自变量 z 的值大于 0 时，计算的概率都大于 0.5，可以分为 1 类；如果 z 的值小于 0 则分为 0 类。为了让分类结果更加可靠，则 z 值应该尽量远离 0 点，这样才能以更大的概率确定分类。这里的 z 值实际就是 6.5 节中的线性函数值。

2. 似然函数

假设样本都是独立同分布，则所有将样本的似然函数可以写成公式(7.4)，将公式(7.3)的 Logistic 变换代入公式(7.4)即可以推导出所有样本的似然函数，即公式(7.5)，该函数就可以作为二分类的损失函数。一般而言，损失函数往往取最小值，所以将公式(7.5)取相反数，就是二分类的损失函数了，即公式(7.6)。

$$\begin{aligned}L(\theta)=p(\vec{y}\mid X;\theta)&=\prod_{i=1}^{m}p(y^{(i)}\mid x^{(i)};\theta)\\&=\prod_{i=1}^{m}h_\theta(x^{(i)})^{y(i)}(1-h_\theta(x^{(i)}))^{1-y(i)}\end{aligned}\tag{7.4}$$

$$\begin{aligned}l(\theta)=\log L(\theta)&=\log\prod_{i=1}^{m}g(\theta^{\mathrm{T}}x^{(i)})^{y(i)}(1-g(\theta^{\mathrm{T}}x^{(i)}))^{1-y(i)}\\&=\sum_{i=1}^{m}y^{(i)}\log g(\theta^{\mathrm{T}}x^{(i)})+(1-y^{(i)})\log(1-g(\theta^{\mathrm{T}}x^{(i)}))\end{aligned}\tag{7.5}$$

$$J(\theta)=-l(\theta)\tag{7.6}$$

3. 参数求解

有了损失函数要求解模型参数，可以直接采用梯度下降法对公式(7.6)求梯度，沿着负梯度方向移动一个小的步长，直到两次移动的函数值不再变化就可以认为找到了最小值，此时的参数 θ 就是要求的模型参数。这部分内容正是 4.4 节中的优化计算的内容。

在计算梯度过程中，需要用到 Logistic()函数的一些重要性质，例如 Logistic()函数的导数可以用自身来表达，如公式(7.7)所示。利用复合函数求导的链式法则对公式(7.6)求导，就得到损失函数的梯度，推导过程如公式(7.8)所示。有了损失函数的梯度，再写出损失函数，沿着负梯度方向的参数更新规则，如公式(7.9)所示。

$$\begin{aligned} g'(z) &= \frac{\mathrm{d}}{\mathrm{d}z}\frac{1}{1+\mathrm{e}^{-z}} = \frac{1}{(1+\mathrm{e}^{-z})^2}\mathrm{e}^{-z} = \frac{1}{1+\mathrm{e}^{-z}}\cdot\left(1-\frac{1}{1+\mathrm{e}^{-z}}\right) \\ &= g(z)\cdot(1-g(z)) \end{aligned} \tag{7.7}$$

$$\begin{aligned} \nabla J(\theta) &= -\left(y\frac{1}{g(\theta^{\mathrm{T}}x)}-(1-y)\frac{1}{1-g(\theta^{\mathrm{T}}x)}\right)\frac{\partial}{\partial\theta_j}g(\theta^{\mathrm{T}}x) \\ &= -\left(y\frac{1}{g(\theta^{\mathrm{T}}x)}-(1-y)\frac{1}{1-g(\theta^{\mathrm{T}}x)}\right)g(\theta^{\mathrm{T}}x)(1-g(\theta^{\mathrm{T}}x))\frac{\partial}{\partial\theta_j}\theta^{\mathrm{T}}x \\ &= -(y(1-g(\theta^{\mathrm{T}}x))-(1-y)g(\theta^{\mathrm{T}}x))x_j = -(y-g(\theta^{\mathrm{T}}x))x_j \end{aligned} \tag{7.8}$$

$$\theta_j := \theta_j + \alpha\sum_{i=1}^{m}(y^{(i)}-g(\theta^{\mathrm{T}}x^{(i)}))x_j^{(i)} \tag{7.9}$$

从形式上看，公式(7.9)和4.4节线性回归中的公式(4.3)相似，唯一不同的是需要做一个 Logistic 变换。因此，在梯度下降算法求解模型参数时，只要在程序4.12和程序4.13的基础上添加一段 Logistic 变换程序即可。

以上是 Logistic 回归的基本原理，多分类问题可以在两点分布的模型上扩展到多点(k 点)分布，参数的个数就变成($k-1$)个 θ，在此不做公式上的推导。在下面的程序演示中将直接调用机器学习包中的模型对 Iris 鸢尾花数据进行 Logistic 回归分类。

Iris 鸢尾花数据集是一个经典数据集，在机器学习领域都经常被用作示例数据集。数据集包含3类共150条记录，每类各50个数据，每条记录都有4个特征：花萼长度、花萼宽度、花瓣长度和花瓣宽度，可以通过这4个特征预测鸢尾花卉属于3个品种(iris-setosa、iris-versicolour 和 iris-virginica)中的哪一类，这是一个典型的三分类问题。

程序7.10演示的是调用机器学习包 sklearn 中 linear_model 模块的 LogisticRegression()对象对鸢尾花进行分类。其中，第12行取数据集样本的数据和样本的目标值；第13行选取两个特征进行训练和预测，目的是后面可以将样本数据画在二维平面上；第14行是引用管道定义流水线，先进行第14行的标准化。接下来在第15行进行多项式特征计算，由于多项式次数参数为2，假设特征项为 x_1 和 x_2，计算之后的特征是 $1,x_1,x_2,x_1x_2,x_1^2,x_2^2$，最后定义 Logistic 回归模型；第17行是模型训练；第18行预测训练集的标签值，标签值为0、1、2分别对应鸢尾花的3个品种；第19行是预测的概率值，每一个样本有分别属于3个类别的概率；至此，完成了鸢尾花数据的训练和预测，接下来的代码都是为了显示画图，效图如图7.2所示。

```
1  #程序 7.10  Logistic 回归分析鸢尾花数据
2  import numpy as np
3  from sklearn.linear_model import LogisticRegression
4  from sklearn import datasets
5  from sklearn.preprocessing import StandardScaler, PolynomialFeatures
6  from sklearn.pipeline import Pipeline
7  import matplotlib.pyplot as plt
8  import matplotlib as mpl
```

```
9   import matplotlib.patches as mpatches
10  yuanwei_hua = datasets.load_iris()
11  #print(yuanwei_hua)
12  X,y = yuanwei_hua['data'],yuanwei_hua['target']  #取数据集的样本数据和目标值
13  X = X[:, :2]                                       #为了后面画图方便选前面两个特征
14  lr = Pipeline([('sc', StandardScaler()),           #训练的三个步骤组织成一个管道
15                 ('poly', PolynomialFeatures(degree=2)),
16                 ('clf', LogisticRegression())])
17  lr.fit(X, y)                                       #模型训练
18  y_hat = lr.predict(X)
19  y_hat_prob = lr.predict_proba(X)
20  #print('y_hat = \n', y_hat)
21  #print('_hat_prob = \n', y_hat_prob)
22  print('准确度：%.2f%%' % (100 * np.mean(y_hat == y)))
23  # 图形显示
24  N, M = 500, 500                                    # 横纵各采样 500 个点
25  x1_min, x1_max = X[:, 0].min(), X[:, 0].max()      # 第 0 列的范围，对应横坐标的范围
26  x2_min, x2_max = X[:, 1].min(), X[:, 1].max()      # 第 1 列的范围，对应纵坐标的范围
27  t1 = np.linspace(x1_min, x1_max, N)
28  t2 = np.linspace(x2_min, x2_max, M)
29  x1, x2 = np.meshgrid(t1, t2)                       # 生成网格点的坐标
30  x_test = np.stack((x1.flat, x2.flat), axis=1)      # 将网格点生成测试样本点
31  mpl.rcParams['font.sans-serif'] = [u'simHei']
32  mpl.rcParams['axes.unicode_minus'] = False
33  cm = mpl.colors.ListedColormap(['#FFFFFF', '#5B5B5B', '#D0D0D0'])
34  y_hat = lr.predict(x_test)                         # 预测每个测试样本点的值
35  # 将预测值转换成二维平面坐标点对应的函数值，便于作图
36  y_hat = y_hat.reshape(x1.shape)
37  plt.figure(facecolor='w')
38  plt.pcolormesh(x1, x2, y_hat, cmap=cm)             # 预测值的显示
39  # 原始样本以点的形式显示
40  plt.scatter(X[:,0], X[:,1],c=y,edgecolors='k',s=50,cmap=cm)
41  plt.xlabel(u'花萼长度', fontsize=10)
42  plt.ylabel(u'花萼宽度', fontsize=10)
43  plt.xlim(x1_min, x1_max)
44  plt.ylim(x2_min, x2_max)
45  plt.grid()
46  patchs = [mpatches.Patch(facecolor='#FFFFFF', label='Iris-setosa', edgecolor='k'),
47            mpatches.Patch(color='#5B5B5B', label='Iris-versicolor'),
48            mpatches.Patch(color='#D0D0D0', label='Iris-virginica')]
49  plt.legend(handles=patchs, fancybox=True, framealpha=0.8)
50  plt.title('鸢尾花 Logistic 回归分类', fontsize=12)
51  plt.show()
```

输出结果：

```
正确率：81.33%
```

程序 7.10 中的画图为了将样本点都尽可能显示在图中，程序第 25 行和第 26 行分别获取两个特征的取值范围；第 27 行和第 28 行分别在两个特征的取值范围内取 500 个测试

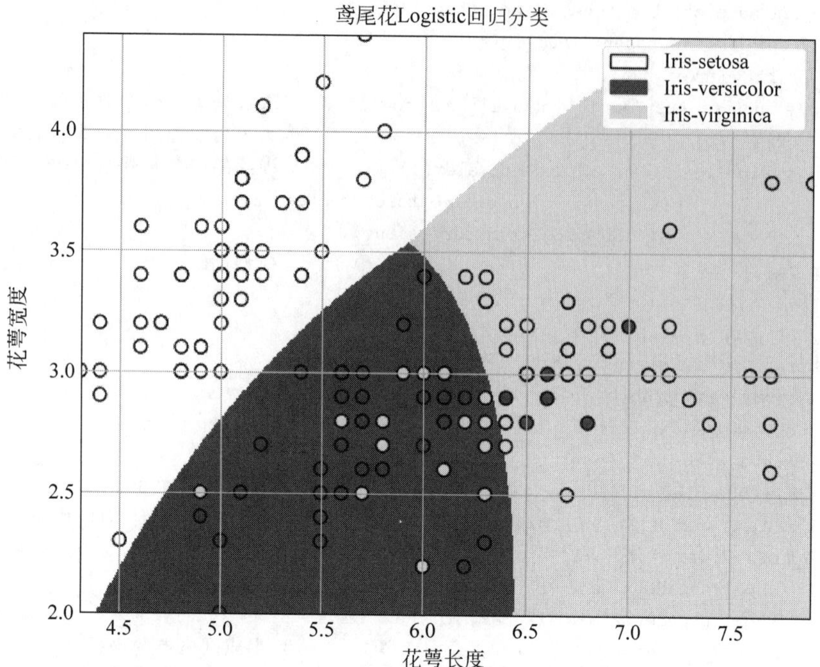

图 7.2　Logistic 回归对鸢尾花预测结果

点；第 38 行对平面上 500×500，总共 250 000 个点按照预测的结果用不同灰度着色，白色、黑色和灰色区域对应分类器，这些区域的点预测分别为 Iris-setosa、Iris-versicolor、Iris-virginica 标签；第 40 行是绘制原始样本的散点图，用同样的三种不同灰度代表以上三种类别。从图 7.2 显示的预测结果看出白色代表的样本点预测准确率比较高，而灰色代表的样本点有部分落在黑色区域，还有少部分的黑色样本点落在灰色区域，这部分黑色区域的灰色点和灰色区域的黑色点就是预测错误的点。

程序 7.10 的代码虽然长，但是核心的数据处理、训练和预测只有不到 10 行代码，有几乎一半的代码都是为了画图。因此，在阅读程序时要以一些功能点来区分，理清每个功能点所包含的代码，分而治之就能深刻理解。分治的思路也是程序设计解决实际问题的基本策略。

7.6　实　　验

1. 实验目的

(1) 掌握面向对象程序设计的三要素，封装、继承、多态。

(2) 掌握类的定义、成员的访问。

(3) 掌握机器学习包 sklearn 中的 Logistic 回归对象的用法。

2. 实验内容

(1) 设计 Person 类，有成员变量 name 和 age，成员方法 info()，打印 Person 对象的姓名和年龄信息。编写 Student 类继承 Person 类，增加 score 成员变量，重写父类 info() 方法，打印 Student 对象信息，参考程序 7.11 并尝试按照自己的方式修改。

```
#程序 7.11  类的封装、继承和多态
class Person:
    def __init__(self, name, age):
        self.name = name
        self.age = age
    def info(self):
        str = '%s的年龄:%d' % (self.name, self.age)
        print(str)

class Student(Person):
    def __init__(self, name, age,score):
        super(Student,self).__init__(name, age)
        self.score = score
    def info(self):
        str = '%s的年龄:%d,成绩为%d' % (self.name, self.age,self.score)
        print(str)
if __name__ == '__main__':
    p = Person('Tom', 10)
    p.info()
    j = Student('Jerry', 12, 99)
    j.info()
```

(2) 参考程序 7.12 编写程序定义一个三维向量类,重写相应的特殊方法,实现该类的对象加、减运算;标量乘、除运算,以及向量长度的计算。

```
#程序 7.12  向量的运算
class Vector3:
    def __init__(self,x,y,z):
        self.x=x
        self.y=y
        self.z=z
    def __add__(self, other):
        x = self.x + other.x
        y = self.y + other.y
        z = self.z + other.z
        return Vector3(x,y,z)
    def __sub__(self, other):
        x = self.x - other.x
        y = self.y - other.y
        z = self.z - other.z
        return Vector3(x,y,z)
    def __mul__(self, n):
        x, y, z = self.x * n, self.y * n, self.z * n
        return Vector3(x,y,z)
    def __truediv__(self, n):
        x, y, z = self.x / n, self.y / n, self.z / n
        return Vector3(x, y, z)
    def length(self):
        return (self.x**2+self.y**2+self.z**2)**0.5
```

```
    def __str__(self):
        return 'Vector3({},{},{})'.format(self.x,self.y,self.z)
v1 = Vector3(3,4,5)
v2 = Vector3(6,7,8)
print(v1 + v2)
print(v1 - v2)
print(v1 * 3)
print(v2/2)
print(v1.length())
```

(3) 根据每一步的结果写出实验报告。

本章小结

Python 语言是面向对象的程序设计语言，甚至连基本数据类型的变量在 Python 中都看作是对象。本章主要讨论了面向对象的 3 个要素，即封装、继承和多态的概念，以及它们在 Python 中的语法形式，与其他面向对象语言相比，少了重载这一要素，这也是 Python 语言的特殊之处；推导了机器学习中的线性分类的损失函数，发现在做了 Logistic 变换之后线性分类和线性回归的损失函数有相似的表达形式，同样可以利用梯度下降算法求解模型参数；调用机器学习包中的 LogisticRegression 对象对鸢尾花数据集做分类。至此，读者可以利用线性模型对一般的回归和分类问题进行求解。

习　题

一、选择题

1. 构造函数是类的一个特殊函数，在 Python 中构造函数的名称为(　　)。

A. 与类同名　　B. __construct　　C. __init__　　D. init

2. 在 Python 类中都包含一个特殊的变量(　　)，它是当前类自身，可以使用它来引用类中的成员变量和成员方法。

A. this　　B. me　　C. self　　D. 与类同名

3. Python 定义私有变量的方法为(　　)。

A. 使用 private 关键字　　B. 使用 public 关键字

C. 使用__xxx__定义变量名　　D. 使用__xxx 定义变量名

二、填空题

1. 在 Python 中可以使用________关键字声明一个类。

2. 类的成员方法必须有一个参数____________，而且位于参数列表的第一个，它代表类的实例自身。

3. 可以使用修饰符____________定义类方法。

4. 使用____________方法可以用来检测一个给定的对象是否继承于某个类，如果是则返回 True,否则返回 False。

5. 面向对象程序设计的三要素分别____________、____________和____________。

三、编程题

1. 编写 Python 程序,定义一个父类 Animal,有私有变量 name,实例方法 breathe(),打印"Animal breathe";定义一个子类 Fish,重写父类的方法 breathe(),打印"Fish bubble"。

2. 设计一个三维向量类,实现向量加法、减法以及向量与标量的乘法和除法运算。

第 8 章　Python 项目应用——人脸识别

Python 为人工智能而来，前面的章节都有 Python 语言实现一些机器学习小程序的介绍。Python 在人工智能项目应用中会提供哪些方便呢？本章以人脸识别项目为例，介绍 Python 的独到之处。

人脸识别作为身份验证的一项重要手段，已经渗透人们的日常工作和生活，大到机场、车站，小到社区、企事业单位，甚至实验室的门禁中都有广泛的应用，在人员管控方面发挥了重要作用，其技术本身也非常成熟，甚至连戴着口罩的情况下，也有很好的解决方案。

人脸识别是基于人的脸部特征信息进行身份识别的一种生物识别技术，用摄像机或摄像头采集含有人脸的图像或视频流，并自动在图像中检测和跟踪人脸，进而对检测到的人脸进行脸部识别的一系列相关技术，通常也叫作人像识别、面部识别。人脸识别是人工智能领域的一个常规应用，本质上和在学生信息数据库中搜索一个特定名字的同学的成绩是一样的，只不过在数据库中搜索名字是字符串精确匹配，而人脸识别是在人脸库中搜索一个相似度达到一定阈值的人脸，可以认为是图像的模糊匹配。本章试图利用 Python 语言实现这样一个相对完整的项目，在掌握了前面章节中机器学习的一些基本点之后，由线到面，全面掌握利用 Python 语言实现人工智能项目的解决方案。

8.1　人脸识别算法

在机器学习领域，很多经典的算法都可以胜任一般的人脸识别任务，只不过这些算法在计算开销和识别性能上有所不同。这里不去比较它们之间的具体区别，只介绍与人脸识别任务相关的人脸库及人脸图像的数据结构。利用 Python 语言实现最近邻分类、PCA 降维、Logistic 回归分类等常用的人脸识别算法，重在演示 Python 语言的项目应用，同时理解机器学习中分类的一般原理。

视频 15

8.1.1　人脸库

本小节主要介绍利用公共人脸库演示人脸识别算法的原理和过程。目前，有很多公共的人脸数据库，以 olivetti 人脸库为例，该数据库也称 ORL 人脸库，由英国剑桥大学 AT&T 实验室创建，包含 40 人共 400 张面部图像，每人包含 10 幅经过归一化处理的灰度图像，图像尺寸均为 112 像素×92 像素，背景为黑色。其中，采集对象的面部表情和细节均有变化，例如笑与不笑、眼睛睁着或闭着、戴或不戴眼镜等，不同人脸样本的姿态也有变化，其深度旋转和平面旋转可达 20°。

程序 8.1 实现的是加载 olivetti 人脸库，并显示部分人脸图像。程序第 5 行从网络下载人脸库，返回的数据结构是字典 dict 类型，该字典一共有 4 个关键字['data', 'images', 'target', 'DESCR']，可以通过关键字 DESCR 输出该人脸库的描述信息。data 字段的值是大小为 400×4096 像素的矩阵，每一行是一张人脸图像经过归一化且拉直的向量。由于实际图像的大小 64×64 像素，拉直的过程就是将后一行接续在上一行的末尾，这样总共 4096 个值。images 字段的值是一个三维张量，大小为 400×64×64 像素，也就是每个元素是一个矩阵，该矩阵是原始图像，所以在显示的时候可以直接利用该字段输出。target 字段的值是每一幅人脸图像的标签，也是该人脸的身份。这里忽略人脸的姓名直接用数字代表图像的标签。例如，前面的 10 幅图像的标签就是 0，第 2 个 10 幅图像的标签为 1，以及类推，最后 10 幅图像的标签就是 39。最后一个字段 DESCR 是整个人脸库的描述信息，以上介绍都可以在这个字段值中看到。程序第 8 行的 k 控制显示库中前 60 幅图像。图 8.1 是加载 olivetti 人脸库后显示的前 60 幅人脸图像。

```
1   #程序 8.1  加载 olivetti 人脸库
2   from sklearn import datasets
3   import cv2
4   import matplotlib.pyplot as plt
5   faces = datasets.fetch_olivetti_faces()          #下载 olivetti 人脸库，返回字典结构
6   # print(faces['DESCR'])                          #DESCR 是人脸库数据集的描述信息
7   for k in range(1,400):
8       if k <= 60:                                  #显示前 60 幅人脸图像
9           plt.subplot(5, 12, k)
10          plt.imshow(faces.images[k],cmap = 'gray')
11          plt.axis('off')
12  plt.tight_layout(0.1, rect = (0, 0, 1, 1))
13  plt.subplots_adjust(top = 0.9)
14  plt.show()
```

图 8.1 olivetti 人脸库的前 60 幅人脸图像

8.1.2 最近邻方法

视频

最近邻人脸识别算法在数学上的原理是，将人脸图像矩阵拉直变成一个向量。该向量可以看作是空间中的一个点，人脸库中所有的人脸图像也就是空间上的点集合。对于某一特定的人脸图像，计算该图像对应的向量到人脸库中所有点的距离。如果与人脸库中的某一点的距离最小并且小于事先给定的一个阈值，则可以认为这两个人脸图像身份相同；如果该最小距离都大于给定阈值，则认为该人脸图像对应的身份非法。

最近邻人脸识别算法非常直观、简单，也不需要训练过程就能完成。程序 8.2 演示的是，最近邻识别 olivetti 人脸库中每个人的第 2 幅图像，并将识别结果保存到 Excel 文件的情形。程序第 7 行是利用切片从第 0 行～第 100 行，间隔 10 行取 1 幅图像，也就是前面 10 个人的第 1 幅图像作为训练；从第 1 行～第 100 行间隔 10 行取 1 幅图像，也就是前面 10 个人的第 2 幅图像作为测试。这里只演示了前 10 个人的效果，实际上是可以做 40 个人的识别，为的是识别结果的显示方便。

程序第 16 行计算的是测试图像中每一幅与训练库中的每一幅图像之间的欧氏距离，欧氏距离的计算公式可以参考 2.6.3 小节的内容。每一幅测试图像与训练库中的图像分别计算就有 10 个距离值，距离最小的表明测试图像可能和该训练图像的标签一致。所以第 17 行紧接着就计算最短距离，并且在距离向量中找到该最短距离的索引值作为该测试图像的预测值。第 21 行附上该测试图像的真实标签作为比较。

程序从第 23 行开始到最后都是为了保存结果到 Excel 文件，这里用到了模块 xlwt 中的对象和方法，所以在程序开始导入了 xlwt 的模块。按照 Excel 文件的表格要求组织好每一个单元格、表和工作簿的数据就能正确保存文件。

```
1   #程序 8.2  最近邻人脸识别
2   from sklearn import datasets
3   import numpy as np
4   import xlwt
5   faces = datasets.fetch_olivetti_faces()
6   X,y = faces['data'],faces['target']
7   X_train,X_test = X[:100:10,:],X[1:100:10,:]          #取每人的前两幅图像做训练和测试
8   distance = [['test','train0','train1','train2','train3',
9               'train4','train5','train6','train7','train8',
10              'train9','min_dis','predict','true']]    #保存 Excel 表格的标题
11  for i in range(10):
12      dis = []
13      title = 'test' + str(i)
14      dis.append(title)
15      for j in range(10):
16          dis.append(np.around(np.linalg.norm(X_test[i] - X_train[j]),1)) #计算距离
17      min_dis = np.min(dis[1:])                         #求最短距离
18      index = dis.index(min_dis)                        #求最短距离对应的索引
19      dis.append(min_dis)
20      dis.append(index - 1)
21      dis.append(i)                                     #真实值
22      distance.append(dis)
23  workbook = xlwt.Workbook(encoding = 'utf - 8')        #识别结果保存到 Excel 文件
```

```
booksheet = workbook.add_sheet('Sheet1',cell_overwrite_ok = True)
row = 0
for line in distance:
    for col in range(len(line)):
        booksheet.write(row,col,str(line[col]))
    row += 1
workbook.save('result.xls')
```

表 8.1 是程序 8.2 人脸识别的结果。表中从 train0～train9 的列是每一个训练图像分别到不同测试图像的距离。predict 列为程序预测的测试人脸图像的标签；true 列为测试图像的真实标签。这两列做比较可以发现，只有第 1 张人脸图像识别错误，程序预测为标签 5，而真实的标签则是 0，其他都是正确的。这也就是说，任何人工智能算法都有一个预测性能的问题，在实际项目中需要不断调整合适的参数和算法，使得预测的性能达到项目的要求。

表 8.1　程序 8.2 人脸识别的结果

test	train0	train1	train2	train3	train4	train5	train6	train7	train8	train9	min_dis	predict	true
test0	12.7	13.1	12.2	13.0	12.0	10.4	14.7	13.2	13.0	14.0	10.4	5	0
test1	11.0	8.0	11.8	9.6	10.4	9.8	11.7	12.3	12.7	12.1	8.0	1	1
test2	14.0	11.5	6.0	10.7	9.2	11.2	12.5	12.8	10.8	10.4	6.0	2	2
test3	11.7	10.1	9.8	8.3	9.6	10.1	12.0	12.7	10.5	10.5	8.3	3	3
test4	11.7	10.7	7.5	9.6	5.7	8.6	11.4	12.5	8.4	10.1	5.7	4	4
test5	9.8	10.9	10.5	10.2	7.8	4.0	9.8	12.1	11.6	11.9	4.0	5	5
test6	12.2	11.0	11.0	11.3	10.2	10.7	7.5	13.7	13.1	11.9	7.5	6	6
test7	11.4	12.8	12.7	13.3	12.4	12.5	13.6	6.3	14.9	10.7	6.3	7	7
test8	14.2	13.3	7.3	10.2	8.7	11.2	13.4	14.6	6.2	10.7	6.2	8	8
test 9	11.6	12.3	8.8	10.7	9.8	12.2	12.6	11.2	10.0	6.6	6.6	9	9

程序 8.2 有一个前置条件是测试图像的标签都在训练库中，可以用与之最短距离的训练图像的标签做预测。在实际项目中，有的情形是待识别的人脸的身份不在训练库中，例如某单位的门禁系统，那就要判别一张人脸是否是本单位的人员的问题。这时，可以设定一个阈值，如果这个最短距离的值大于这个阈值就可以判否。

8.1.3　主分量分析降维

视频 17

在程序 8.2 中，直接计算原始的人脸图像之间的距离，并没有对图像做特征提取和特征选择。这样，参与计算的一幅图像对应的向量大小为 4096 维。这么高维的向量之间计算距离会增加计算时间，在实际项目中就会降低系统的反应速度。如果能用最能代表该幅图像的低维向量表示一幅图像，在计算距离时就会减少计算时间，一种常用的做法就是主分量分析(Principal Component Analysis，PCA)。

PCA 降维的本质是矩阵分解找能量分布最重要的特征向量(奇异向量)，这些特征向量在人脸图像中就是特征脸，有了这些特征脸之后将人脸图像重新投影到这些特征脸上，用这些投影系数向量代替原始图像，这些特征脸的个数显然要小于原始图像的像素个数，就能起到降低数据维度的作用。

矩阵分解的公式可以参考5.5.2小节中的内容。这里直接给出程序8.3，做PCA降维之后，再计算欧氏距离进行人脸识别。选择了4种不同分量，即2、3、4、5分别做人脸识别，即程序8.2要执行4次。因此，将程序8.2做成了一个函数get_result()，该函数接收训练图像和测试图像，以及要保存的Excel文件名3个参数，过程与程序8.2一致。

程序8.3第37行先将训练图像和测试图像做堆叠，一起进行矩阵分解；第38行对堆叠后的矩阵做奇异值分解，返回值右奇异矩阵 **V** 已经做了转置，所以在求特征脸的时候需要再次转置，也就是第39行实现矩阵转置，这样每一列就是特征脸；第41行实现的时候原始图像在新的特征脸上做投影，如果主分量是2，则投影后的系数向量维度就是2，以此类推；第42行调用函数识别人脸时，需要将投影矩阵X_pca分拆成训练图像和测试图像，传给函数计算；第43行开始实现的是将主分量数为2的人脸分布以散点图的方式显示在二维平面上，如图8.2所示。

```
1  #程序8.3  主成分分析降维人脸识别
2  from sklearn import datasets
3  import numpy as np
4  import xlwt
5  import matplotlib.pyplot as plt
6  import matplotlib as mpl
7  def get_result(X_train,X_test,result):
8  # 保存Excel表格的标题
9      distance = [['test', 'train0', 'train1', 'train2', 'train3',
10                 'train4', 'train5', 'train6', 'train7', 'train8',
11                 'train9', 'min_dis', 'predict', 'true']]
12     for i in range(10):
13         dis = []
14         title = 'test' + str(i)
15         dis.append(title)
16         for j in range(10):
17             # 计算距离
18             dis.append(np.around(np.linalg.norm(X_test[i] - X_train[j]), 1))
19         min_dis = np.min(dis[1:])                    # 求最短距离
20         index = dis.index(min_dis)                   # 求最短距离对应的索引
21         dis.append(min_dis)
22         dis.append(index - 1)
23         dis.append(i)                                # 真实值
24         distance.append(dis)
25     workbook = xlwt.Workbook(encoding = 'utf-8')  # 识别结果保存到Excel文件
26     booksheet = workbook.add_sheet('Sheet1', cell_overwrite_ok = True)
27     row = 0
28     for line in distance:
29         for col in range(len(line)):
30             booksheet.write(row, col, str(line[col]))
31         row += 1
32     workbook.save(result)
```

```python

if __name__ == '__main__':
    mpl.rcParams['font.sans-serif'] = [u'simHei']
    mpl.rcParams['axes.unicode_minus'] = False
    faces = datasets.fetch_olivetti_faces()
    X,y = faces['data'],faces['target']
    X_train,X_test = X[:100:10,:],X[1:100:10,:]
    X_p = np.vstack((X_train,X_test))
    U, Sigma, Vh = np.linalg.svd(X_p)
    V = np.transpose(Vh)
    for i in [2,3,4,5]:
        X_pca = np.dot(X_p, V[:, 0:i])
        get_result(X_pca[0:10, :], X_pca[10:20, :], 'res' + str(i) + '.xls')
        if i == 2:
            plt.scatter(X_pca[0:10, 0], X_pca[0:10, 1],c = 'r',label = '训练样本')
            plt.scatter(X_pca[10:20, 0], X_pca[10:20, 1],marker = '*', c = 'g',
                        label = '测试样本')
            for j in range(X_pca.shape[0]):
                plt.annotate(j % 10, xy = (X_pca[j, 0] + 0.05, X_pca[j, 1] + 0.05))
    plt.legend(loc = 'best')
    plt.show()
```

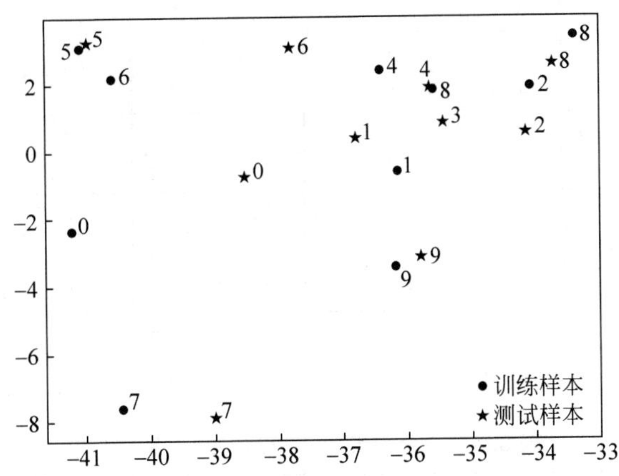

图 8.2　主分量数为 2 时的训练样本和测试样本的分布

程序执行后产生 4 个结果文件，文件中的值分别如表 8.2～表 8.5 所示。4 张表的结果分别对应分量数为 2、3、4、5 时测试样本到训练样本的距离和识别结果。比较发现，主分量的个数选取少的情况下，可能存在图像矩阵信息损失严重，不能正确区分不同样本。比较典型的在表 8.2 中，当主分量数为 2 时，有 4 张人脸判断错误，分别是样本 0、样本 4、样本 6、样本 8。从图 8.2 可以看出，只有同标签的样本距离比较近才能正确识别。测试的样本 0 和训练的样本 0 相距甚远，反而和训练样本 1 比较近，就只能识别为标签 1；测试样本 4 几乎和训练样本 3 重叠，所以识别为标签 3；测试样本 6 与训练样本 4 距离最近识别为标签 4；测试样本 8 距离训练样本 2 和训练样本 8 距离相当，最终还是因为更加接近训练样本 2 而识别为标签 2。

表 8.2 主分量数为 2 时的人脸识别结果

test	train0	train1	train2	train3	train4	train5	train6	train7	train8	train9	min_dis	predict	true
test0	3.1	2.4	5.2	3.9	3.8	4.6	3.6	7.1	6.6	3.5	2.4	1	0
test1	5.2	1.2	3.1	1.9	2.0	5.1	4.2	8.8	4.6	3.8	1.2	1	1
test2	7.6	2.3	1.4	1.9	2.9	7.4	6.6	10.3	3.0	4.4	1.4	2	2
test3	6.6	1.6	1.7	1.0	1.8	6.1	5.3	9.8	3.3	4.3	1.0	3	3
test4	7.0	2.6	1.6	0.1	0.9	5.6	5.0	10.6	2.7	5.3	0.1	3	4
test5	5.6	6.2	7.0	5.6	4.6	0.2	1.1	10.9	7.6	8.2	0.2	5	5
test6	6.4	4.0	3.9	2.6	1.6	3.2	2.9	11.0	4.5	6.7	1.6	4	6
test7	6.0	7.8	11.0	10.3	10.6	11.2	10.2	1.5	12.6	5.3	1.5	7	7
test8	8.9	4.0	0.7	2.0	2.7	7.4	6.9	12.2	0.9	6.4	0.7	2	8
test9	5.5	2.5	5.3	4.9	5.5	8.1	7.1	6.4	7.0	0.5	0.5	9	9

表 8.3 中，主分量数为 3 时有两个样本被识别错误。测试样本 0 被识别为标签 9，测试样本 4 被识别为标签 2。当主分量数为 4 和 5 时结果就稳定下来了，在表 8.4 和表 8.5 中，只有测试样本 0 被错误识别为标签 5。

表 8.3 主分量数为 3 时的人脸识别结果

test	train0	train1	train2	train3	train4	train5	train6	train7	train8	train9	min_dis	predict	true
test0	7.5	9.4	5.2	6.7	4.7	5.8	8.4	8.3	6.6	4.4	4.4	9	0
test1	5.3	1.8	8.1	3.0	5.4	6.7	4.2	9.4	9.5	6.5	1.8	1	1
test2	9.3	8.0	1.8	4.4	3.2	7.6	9.0	10.6	3.6	4.5	1.8	2	2
test3	7.1	5.0	4.4	1.5	2.4	6.1	6.2	9.8	5.8	4.7	1.5	3	3
test4	9.0	8.3	1.8	4.2	1.9	6.0	8.1	11.1	3.2	5.5	1.8	2	4
test5	6.5	8.4	7.7	5.9	4.7	0.2	4.3	10.9	8.5	8.2	0.2	5	5
test6	6.4	4.4	8.2	3.3	4.9	5.2	2.9	11.4	9.1	8.3	2.9	6	6
test7	7.8	10.7	11.1	10.9	10.6	11.3	11.7	2.9	12.8	5.4	2.9	7	7
test8	12.4	11.5	2.1	7.4	5.3	9.0	11.6	13.6	1.5	7.7	1.5	8	8
test9	8.7	9.5	5.3	7.3	6.2	8.9	10.4	7.7	7.0	2.6	2.6	9	9

表 8.4 主分量数为 4 时的人脸识别结果

test	train0	train1	train2	train3	train4	train5	train6	train7	train8	train9	min_dis	predict	true
test0	9.8	10.7	10.0	9.3	8.9	7.5	13.8	11.0	10.0	11.7	7.5	5	0
test1	6.5	3.0	10.1	5.0	7.4	7.0	9.4	10.6	10.7	10.6	3.0	1	1
test2	9.4	8.5	1.9	4.7	3.2	8.3	9.5	10.7	3.6	5.4	1.9	2	2
test3	7.1	5.1	5.5	1.9	3.3	6.2	8.5	10.0	6.2	7.3	1.9	3	3
test4	9.0	8.4	2.7	4.2	2.1	6.3	9.3	11.1	3.4	7.0	2.1	4	4
test5	6.6	8.4	8.4	6.0	5.2	0.5	7.2	11.1	8.8	10.0	0.5	5	5
test6	8.3	8.0	8.8	6.1	6.4	8.6	3.0	12.2	10.0	8.3	3.0	6	6
test7	7.8	10.8	11.2	10.9	10.7	11.4	12.5	2.9	12.8	6.8	2.9	7	7
test8	12.4	11.8	2.3	7.5	5.3	9.5	12.0	13.6	1.5	8.3	1.5	8	8
test9	9.4	10.6	5.5	8.0	6.6	10.2	10.5	8.1	7.3	2.8	2.8	9	9

表 8.5　主分量数为 5 时的人脸识别结果

test	train0	train1	train2	train3	train4	train5	train6	train7	train8	train9	min_dis	predict	true
test0	11.1	11.0	10.0	10.6	9.3	7.6	13.9	11.1	11.5	12.7	7.6	5	0
test1	7.2	3.1	10.4	5.8	7.4	7.0	9.6	10.6	11.2	10.9	3.1	1	1
test2	12.0	9.9	2.7	8.7	6.1	9.1	10.0	11.2	8.7	9.0	2.7	2	2
test3	7.4	5.1	6.6	2.6	3.3	6.4	8.9	10.3	6.7	7.5	2.6	3	3
test4	9.7	8.5	3.4	5.5	2.5	6.3	9.3	11.1	5.2	7.8	2.5	4	4
test5	7.6	8.5	8.6	7.1	5.4	0.5	7.2	11.1	9.8	10.6	0.5	5	5
test6	10.6	8.9	8.8	8.9	7.7	9.1	3.6	12.5	12.2	10.5	3.6	6	6
test7	9.3	11.1	11.2	12.0	11.0	11.5	12.5	3.1	13.9	8.3	3.1	7	7
test8	12.6	11.9	4.3	7.8	5.3	9.6	12.3	13.7	2.8	8.5	2.8	8	8
test9	9.5	10.7	6.9	8.1	6.6	10.4	11.0	8.6	7.5	3.0	3.0	9	9

当主分量数为 3 时，有两幅人脸不能正确识别，主分量数为 4 和 5 时又回到程序 8.2 执行的结果。程序 8.2 中的人脸图像矩阵没有经过降维处理，参与计算距离的每个向量维度是 4096。在程序 8.3 中经过 PCA 降维之后，参与计算距离的向量维度为 4 时就可以达到程序 8.2 的同样效果。当主分量数为 6、7、8，甚至更多时，效果也一样，读者可以自行验证。数据降维之后参与运算的维度变低了，计算时间减少了，对系统来说响应时间就变短了，但是效果不受影响，这就是 PCA 降维的好处。其背后的原因在于，矩阵奇异值分解时找到了该矩阵能量分布比较重要的特征向量，人脸图像在这些方向上的系数向量具有足够的区分度，能够将不同人的人脸区分开。

需要指出的是，PCA 降维算法有多种途径可以实现，最简单的方法是利用机器学习库 sklearn.decomposition 中的类 PCA 实例化一个对象，然后调用对象方法 fit()就可以实现。如果直接使用该 PCA 类固然有简化程序的好处，但是对于 PCA 降维算法本身的理解就可能不够深入，所以这里演示的是手工实现版本，在实际项目中建议使用机器学习库来实现。

8.1.4　Logistic 回归方法

视频 18

除了基于最近邻方法的人脸识别算法，其他机器学习方法也都可以，例如 6.5 节中的线性回归，甚至还有好多其他形式的分类器都可以。

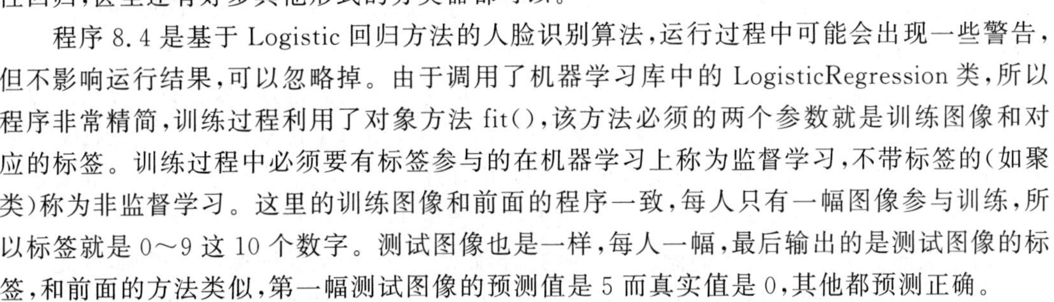

程序 8.4 是基于 Logistic 回归方法的人脸识别算法，运行过程中可能会出现一些警告，但不影响运行结果，可以忽略掉。由于调用了机器学习库中的 LogisticRegression 类，所以程序非常精简，训练过程利用了对象方法 fit()，该方法必须的两个参数就是训练图像和对应的标签。训练过程中必须要有标签参与的在机器学习上称为监督学习，不带标签的（如聚类）称为非监督学习。这里的训练图像和前面的程序一致，每人只有一幅图像参与训练，所以标签就是 0～9 这 10 个数字。测试图像也是一样，每人一幅，最后输出的是测试图像的标签，和前面的方法类似，第一幅测试图像的预测值是 5 而真实值是 0，其他都预测正确。

这样的程序篇幅短，可以一目了然地抓住算法的基本要点，但是训练方法 fit()内部的过程就对我们屏蔽了。如果想进一步了解训练过程如何实现就要看一些更加基础的实现方法，例如只用基础库 NumPy 和 SciPy 而不直接调用机器学习包实现的程序。

```
#程序8.4  基于Logistic回归方法的人脸识别算法
from sklearn import datasets
from sklearn.linear_model import LogisticRegression
faces = datasets.fetch_olivetti_faces()
X,y = faces['data'],faces['target']
X_train,X_test = X[:100:10,:],X[1:100:10,:]
clf = LogisticRegression(solver = 'liblinear')
clf.fit(X_train,list(range(10)))          #训练集中有10幅人脸图像,标签分别为0~9
print(clf.predict(X_test))
```

输出结果:

```
[5 1 2 3 4 5 6 7 8 9]
```

8.2 人脸识别系统

人脸识别是一个广义上的概念,识别只是最后一步,人脸识别系统在识别之前还要经过图像采集、预处理、人脸检测、特征提取、模型训练、人脸识别等过程,如图8.3所示。

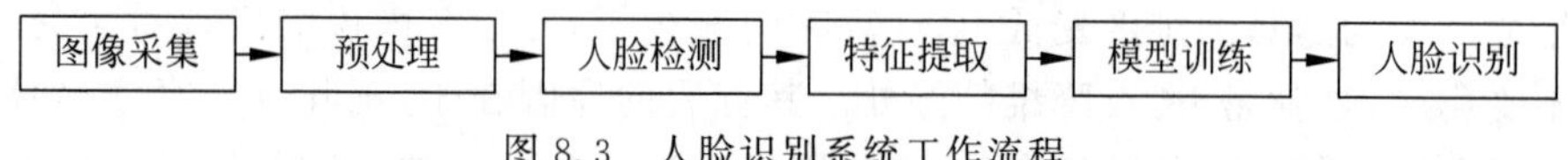

图8.3 人脸识别系统工作流程

1. 图像采集

人脸图像通过摄像镜头采集,如静态图像、动态图像、不同的位置、不同表情等方面都可以得到很好的采集。随着人工智能技术的发展,现在的大多摄像机是AI摄像机,不再是单纯的照相功能,有的能够在照相时进行目标检测,自动对焦,甚至有成熟的产品能够完成以上一套人脸识别的流程,不需要额外的计算机辅助,直接完成基于人脸识别的身份验证,摄像机装上芯片之后很难区分是计算机还是摄像机。

2. 预处理

图像预处理的主要目的是消除图像中无关的信息,恢复有用的真实信息,增强有关信息的可检测性和最大限度地简化数据,从而改进特征抽取、图像分割、匹配和识别的可靠性。一般的预处理流程为:灰度化→几何变换→图像增强。

人脸图像一般是彩色图像,为了达到提高整个应用系统的处理速度,需要对彩色图像进行灰度化处理。最简单的灰度计算就是平均值法,将图像中每个像素点的三基色R、G、B的值加和求平均值作为该像素点的灰度值。灰度范围为0~255,灰度级为256级,也就是一幅灰度图像最多只有256种颜色,每个像素的灰度值用1字节保存。

由于摄像机拍摄时,身体的倾斜,不同的拍摄距离等影响,人脸图像会不规则,因此需要对人脸图像做几何变换又称为图像空间变换,用于改正图像采集系统的系统误差和仪器位置(成像角度、透视关系乃至镜头自身原因)的随机误差。此外,还需要使用灰度插值算法,因为按照这种变换关系进行计算,输出图像的像素可能被映射到输入图像的非整数坐标上。通常采用的方法有最近邻插值、双线性插值和双三次插值。

图像增强是增强人脸图像中的有用信息,它可以是一个失真的过程,其目的是改善人脸图像的视觉效果，有目的地强调图像的整体或局部特性，将原来不清晰的图像变得清晰或强调某些感兴趣的特征，扩大图像中不同物体特征之间的差别，抑制不感兴趣的特征，使之改善图像质量，丰富信息量，加强图像判读和识别效果，满足进一步特征提取的需要。

预处理的三个过程在人脸图像处理中不是全部必需的，会根据需要和图像质量做适当的处理。一般而言，将彩色的人脸图像灰度化处理变成灰度图像都是必需的。程序 8.5 演示了彩色图像灰度化的过程，效果如图 8.4 所示。

```
1  #程序 8.5  人脸图像灰度化
2  import cv2
3  raw_image = cv2.imread('caiji.jpg')                    #读取在当前目录中的原始图像
4  cv2.imshow("Raw image",raw_image)
5  gray = cv2.cvtColor(raw_image, cv2.COLOR_BGR2GRAY)#灰度化处理
6  cv2.imshow("Gray image", gray)
7  cv2.waitKey(0)                                         #等待输入事件，目的是保留显示
```

(a) 原始图像

(b) 经过灰度化处理后的图像

图 8.4 摄像机采集的彩色图像灰度化

程序 8.5 中用到了扩展库 cv2(computer vision)中的函数，所以需要在第 1 行就导入扩展库 cv2，该库就是 OpenCV。它是一个跨平台计算机视觉库，可以运行在 Linux、Windows、Android 和 Mac OS 上，由一系列 C 函数和少量 C++类构成。OpenCV 库轻量而且高效，并提供了 Python、Ruby、MATLAB 等语言的接口，实现了图像处理和计算机视觉方面的很多通用算法。

在导入扩展库 CV2 之前，需要先安装 OpenCV 库才能使用。可以利用命令 pip install opencv-contrib-python opencv-python 安装。如果是 Anaconda 方式安装的 Python 解释器，则在 Anaconda Prompt 窗口安装 OpenCV 和 OpenCV-Contrib 扩展库。有了 OpenCV 库的支持，图像处理就变得非常方便。例如，图像读取，灰度化处理只要一条语句就能实现。

3. 人脸检测

人脸检测，也就是在图片中找到人脸的位置。在这个过程中，系统的输入是一张经过预处理之后的含有人脸的图片，输出是人脸位置的矩形框，如图 8.5 所示。一般来说，人脸检测应该可以正确检测出一幅图像中存在的所有人脸，不能有遗漏，也不能有错检。但是在身份验证时采集的图像一般含有一张人脸。

人脸图像中包含的模式特征十分丰富，如直方图特征、颜色特征、模板特征、结构特征及 Haar 特征等。人脸检测就是把其中有用的信息挑出来，并利用这些特征实现人脸检测。主流的人脸检测方法基于以上特征采用 Adaboost 学习算法，Adaboost 算法是一种用来分类的方法，它把一些比较弱的分类方法合在一起，组合出新的、很强的分类方法。

人脸检测过程中使用 Adaboost 算法挑选出一些最能代表人脸的矩形特征（弱分类器），按照加权投票的方式将弱分类器构造为一个强分类器，再将训练得到的若干强分类器串联组成一个级联结构的层叠分类器，有效地提高分类器的检测速度。

```
1   #程序 8.6  人脸检测
2   import cv2
3   import numpy as np
4   imagePath = 'caiji.jpg'
5   #根据需要修改以下文件的路径为自己系统的路径
6   cascPath = "C:/Users/rg4592/Anaconda3/Lib/site-" \
7              "packages/cv2/data/haarcascade_frontalface_default.xml"
8   faceCascade = cv2.CascadeClassifier(cascPath)
9   raw_image = cv2.imread(imagePath)
10  gray = cv2.cvtColor(raw_image, cv2.COLOR_BGR2GRAY)              #图像灰度化
11  faces = faceCascade.detectMultiScale(gray,scaleFactor=1.2,minNeighbors=5)
12  print("Found {0} faces!".format(len(faces)))
13  for (x, y, w, h) in faces:
14      cv2.imshow('Face',gray[x:x+w,y:y+h])                          #显示人脸图像
15      cv2.imwrite('face.jpg',gray[x:x+w,y:y+h])                     #保存人脸图像
16      cv2.rectangle(gray, (x, y), (x+w, y+h), (0, 255, 0), 2)      #标定人脸位置
17  cv2.imshow("Faces found", gray)
```

OpenCV 已经包含了很多已经训练好的分类器，包括面部、眼睛、微笑等。这些 XML 文件保存在/cv2/data/文件夹中。在程序 8.6 中，第 8 行使用 OpenCV 创建一个面部检测器对象 faceCascade，需要传入 Haar 特征文件 haarcascade_frontalface_default.xml 的路径。第 6 行文件路径在不同的系统中会略有不同，需要根据文件自己系统的位置做适当修改。有了检测对象之后，第 11 行利用该对象的方法 detectMultiScale()检测人脸，该方法第一个参数是待检测的灰度图像，第二个参数是尺度因子。由于很多人脸可能离摄像头很近，其图像会比靠后的人脸看着要大，比例因子就是为了缓解这个问题。

简单地说，人脸检测就是在图像上不断移动一个大小固定的窗口，利用分类器不断判断该窗口的图像内有没有人脸。如果有，则加矩形框标定，并保存该人脸图像；如果没有，则继续移动窗口直到覆盖全部图像区域。程序 8.6 输出的图像经过人脸检测后的结果如图 8.5 所示，图 8.5(a)的人脸可以作为训练或者测试用。

一般而言，人脸识别身份验证系统可以手工采集所有人的图像，利用上述人脸检测程

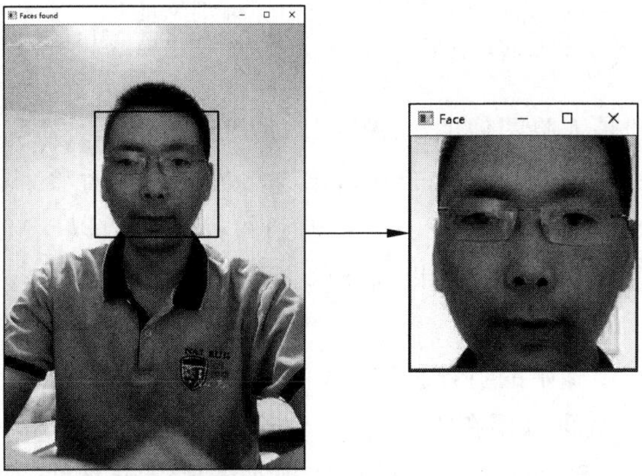

(a) 利用矩形框标定人脸在图像中的位置　　　(b) 人脸图像

图 8.5　人脸检测结果

序 8.6 对所有人脸图像做循环检测，每次循环检测一幅人脸图像，将输出的人脸图像和该图像对应的人的姓名一起存入数据库，姓名就是该人脸图像的标签。由于每个人都可以采集在不同姿态、表情、光照等条件下的多幅图像，所以人脸数据库中每个人的人脸图像可能有多幅，每一幅人脸图像对人脸识别算法来说就是一个样本。

这里演示一幅图像的人脸检测，得到一张人脸，在实际项目中可以自行扩展。在接下来的流程中将使用 olivetti 人脸库中的部分人脸图像作为数据集来演示，选择前 10 个人的图像，每个人的第一张人脸图像用作训练，第二张人脸图像用作测试，一共 10 张训练图像和 10 张测试图像。这样可以和 8.1 节中的程序一致，方便比较。

4. 特征提取与模型训练

特征提取是为了找到能够最大程度地区分不同人的人脸图像描述。本书 8.1.3 小节中的 PCA 降维也可以说是一种特征提取。LBP(Local Binary Pattern)指局部二值模式，是一种用来描述图像局部特征的算法。LBP 特征具有灰度不变性和旋转不变性等显著优点，它是由 T. Ojala、M. Pietikäinen 和 D. Harwood 在 1994 年提出，由于 LBP 特征计算简单、效果较好，因此 LBP 特征在计算机视觉的许多领域得到了广泛的应用。人脸识别就是 LBP 特征比较著名的应用，在计算机视觉开源库 OpenCV 中有使用 LBP 特征进行人脸识别的接口。程序 8.7 用到了一种 LBPH 特征提取方式，LBPH 是在原始 LBP 上的一个改进，在 OpenCV 支持下可以直接调用函数直接创建一个 LBPH 人脸识别的模型。更进一步的 LBP 的原理论述已经超出本书的范围，这里只介绍与 Python 程序设计有关的部分。

```
#程序 8.7　特征提取与模型训练
import cv2
import numpy as np
from sklearn import datasets
faces = datasets.fetch_olivetti_faces()
recog = cv2.face.LBPHFaceRecognizer_create()
X = faces['images']
X_train,X_test = X[:100:10,:,:],X[1:100:10,:,:]
print('Training...')
faces,ids = X_train,list(range(10))
```

```
11  recog.train(faces,np.array(ids))            #训练模型
12  recog.save('trainner.yml')                  #保存模型
```


程序 8.7 演示的是人脸图像的 LBPH 特征提取和训练过程,两者结合在一个方法中,即第 6 行 LBPHFaceRecognizer_create(),该方法创建一个对象,调用该对象的 train()方法的同时提取人脸图像的 LBPH 特征。训练得到的模型参数以 XML 格式的文件保存,在识别的时候就利用这个训练好的模型识别新的人脸图像。

5. 人脸识别

人脸识别和第 4 步骤中的特征提取与训练过程,实际就是 8.1 节中人脸识别算法的部分内容,8.1 节中的方法可以用在本节的第 4 步和第 5 步两个步骤中,在实际的人脸识别应用系统中,利用一些稳定、可靠的库来辅助实现是非常普遍做法,所以这里继续演示利用第 4 步骤中的 OpenCV 库方法得到的训练模型来识别,参见程序 8.8。

```
1   #程序 8.8  人脸识别模拟程序
2   import cv2
3   import numpy as np
4   from sklearn import datasets
5   faces = datasets.fetch_olivetti_faces()
6   recog = cv2.face.LBPHFaceRecognizer_create()
7   X = faces['images']
8   X_test = X[1:100:10,:,:]
9   recognizer = cv2.face.LBPHFaceRecognizer_create()
10  recognizer.read('trainner.yml')            #加载训练得到的模型
11  for i in range(10):
12      print(recognizer.predict(X_test[i]))
```

输出结果:

```
(0, 126.96206016760462)
(1, 104.31534091598687)
(2, 84.3883859057848)
(3, 97.49655501625939)
(4, 97.85579426493294)
(5, 95.85838673429234)
(6, 98.26355251925024)
(7, 77.4971425553012)
(8, 82.81433527925174)
(9, 74.64257163437969)
```

程序 8.8 演示的是利用第 4 步骤训练得到的模型来识别人脸图像。虽然代码有 12 行,但是真正用来识别的只有 1 行,即第 12 行 predict()方法。这里的识别不再像人脸识别算法中那样可以一次对多张人脸识别,而是和实际系统中一致,一次只识别一幅图像,所以程序第 11 行写了一个循环对所有测试人脸图像进行识别。识别返回的是这张人脸的标签和置信度,置信度可以简单理解为距离,距离越小越接近,因此置信度越小越可靠。从识别结果上看,竟然出现一个非常惊奇的结果,那就是所有测试人脸都被成功识别,只不过第 1 张测试人脸的置信度的值大了一点。而之前的人脸识别算法都没有能够正确识别第 1 幅人脸

图像,这也进一步验证了成熟的库,如 OpenCV,有着相当高的可靠性。

至此,一个人脸识别系统所需要的核心程序已经全部有了,但是要构建一个真实的人脸识别系统还有一些辅助工作。例如,要置备一套具有摄像头的计算机的硬件,训练图像的采集可能是手工采集的照片,或者好多单位都是人工收集每一位职工的照片,这些照片需要事先做处理、检测形成训练用的人脸库。识别的时候也需要做相同的一套处理和检测工作,然后才能进行识别,而且识别过程是连续的。所以在具体实现时需要编写一个循环,让摄像机连续工作。有了前面对人脸识别算法原理的理解,利用 OpenCV 库做采集、预处理、检测、特征提取、训练和识别这一系列步骤的介绍,实现这样一套系统已经近在咫尺,目标可期。

8.3 实　　验

1. 实验目的

(1) 掌握 k-means 聚类算法原理。

(2) 掌握 Python 在机器学习项目中的应用。

(3) 掌握人脸识别算法的原理。

(4) 掌握人脸识别系统的构建步骤。

2. 实验内容

1) k-means 聚类算法分类

k-means 聚类算法的基本思想是以空间中 k 个点为中心进行聚类,对最靠近它们的对象进行归类。通过迭代的方法,逐次更新各聚类中心的值,直到出现最好的聚类结果。最终 k 个聚类有以下特点:各聚类本身尽可能紧凑,而各聚类之间尽可能分开。

假设把样本集分为 k 个类别,算法如下。

(1) 适当选择 k 个类的初始中心。

(2) 在第 i 次迭代中对任意一个样本,求其到 k 个中心的距离,将该样本归为距离最近的中心所在的类。

(3) 利用均值更新该类的中心值。

(4) 对于所有 k 个聚类中心,如果在第(3)步之后不再变化,则迭代结束;否则,继续从第(2)步开始继续迭代。

k-means 聚类算法最大优势在于简洁、快速,算法需要事先确定分类的数量和初始中心,以及选择哪一种距离公式。

请读者自己根据 k-means 算法描述编写程序实现分类,或者调用机器学习包加以实现。代码参见程序 8.9。

```
#程序 8.9  k 均值聚类
import numpy as np
from sklearn.cluster import KMeans
X = np.array([[1,1,1,1,1,1,1],
              [2,3,2,2,2,2,2],
              [3,2,3,3,3,3,3],
              [1,2,1,2,2,1,2],
              [2,1,3,3,3,2,1],
```

```
                [6,2,30,3,33,2,71]])
model = KMeans(n_clusters = 3).fit(X)
classes = model.predict(X)
print('训练集分类结果:',classes)
print('=' * 30)
test = [[1,2,3,3,1,3,1]]
tst_class = model.predict(test)
print('测试结果:',)
print('相似元素:\n',X[classes == tst_class])
```

2）分步实现人脸识别系统的关键步骤

理解人脸识别系统的原理，参考本章的程序，利用 OpenCV 库实现其中的关键步骤。

（1）利用本机自带的摄像头采集两幅照片，分别做预处理（灰度化）、人脸检测，设定检测的目标人脸大小为 64×64 像素，目的是使得人脸图像维度不至于过高。

（2）调用 cv2.VideoCapture()方法控制摄像头采集人脸图像，循环采集人脸图像和检测，建立人脸识别训练库，每人 10 张人脸。

（3）利用 Logistic 回归对人脸库中人脸图像进行识别，库中每人的前 6 幅图像用于训练，剩下的用于测试，比较测试图像的识别结果与真实值的差异，计算正确率。

（4）该实验为综合设计型实验，必要时结合所学查找相关资料完成。

完成实验报告，将实验过程中的思路、调试、结果及时记录在实验报告中，每一次调试程序的经历，都是下次程序设计的经验。

本章小结

人脸识别系统是一个典型的人工智能项目，目前在技术上也相当成熟。本章以人脸识别系统为例，介绍了 Python 语言在人脸识别算法和系统构建上的应用。有了 OpenCV 库函数的帮助，人脸识别系统每个步骤的代码综合起来也不过几十行，程序相当精简，可以再次感受到 Python 语言在人工智能项目开发上的优势。

习　　题

1. 用不同的方法编写程序实现求 1+2!+3!+…+20!的和。

2. 编写程序实现对 10 个数的列表进行排序，可以利用选择法，将第一个元素与后面元素做 9 次比较，如果大于就交换，再用第二个元素与后 8 个进行比较，并进行交换，以此类推，最后得到从小到大的顺序排列的列表。

3. 编写程序计算一个 3×3 矩阵对角线元素之和。提示：利用双重 for 循环控制数组输入，再将 a[i][i]累加后输出。

4. 某个公司采用公用电话传递数据，数据是四位的整数。在传递过程中数据是加密的，加密规则如下：每位数字都加上 5，然后用和除以 10 的余数代替该数字，再将第一位和第四位交换，第二位和第三位交换。编写程序计算数据 1234 加密后数据是多少？

5. 简述人脸识别系统构建步骤。

参 考 文 献

[1] 王欣，文兵. Python 基础教程[M]. 北京：人民邮电出版社，2018.

[2] 董付国. Python 程序设计基础[M]. 北京：清华大学出版社，2018.

[3] 嵩天，黄天羽，礼欣. 程序设计基础(Python)[M]. 北京：高等教育出版社，2014.

[4] 王巍巍. 笨办法学 Python[M]. 3 版. 北京：人民邮电出版社，2014.

[5] 薛景，陈景强，朱旻如. Python 程序设计基础教程慕课版[M]. 北京：人民邮电出版社，2018.

[6] Python 官方文档 https://docs. python. org/3/.

[7] 机器学习库官方文档 http://scikitlearn. com. cn/0. 21. 3/2/.

图书资源支持

感谢您一直以来对清华版图书的支持和爱护。为了配合本书的使用，本书提供配套的资源，有需求的读者请扫描下方的"书圈"微信公众号二维码，在图书专区下载，也可以拨打电话或发送电子邮件咨询。

如果您在使用本书的过程中遇到了什么问题，或者有相关图书出版计划，也请您发邮件告诉我们，以便我们更好地为您服务。

我们的联系方式：

地　　址：北京市海淀区双清路学研大厦 A 座 714

邮　　编：100084

电　　话：010-83470236　010-83470237

客服邮箱：2301891038@qq.com

QQ：2301891038（请写明您的单位和姓名）

资源下载：关注公众号"书圈"下载配套资源。

书圈

获取最新书目

观看课程直播